Ahmed Berboucha

Équations différentielles ordinaires et à retard

Ahmed Berboucha

Équations différentielles ordinaires et à retard

Contribution à l'étude des systèmes dynamiques définis par des équations différentielles ordinaires et à retard

Presses Académiques Francophones

Impressum / Mentions légales

Bibliografische Information der Deutschen Nationalbibliothek: Die Deutsche Nationalbibliothek verzeichnet diese Publikation in der Deutschen Nationalbibliografie; detaillierte bibliografische Daten sind im Internet über http://dnb.d-nb.de abrufbar.

Alle in diesem Buch genannten Marken und Produktnamen unterliegen warenzeichen-, marken- oder patentrechtlichem Schutz bzw. sind Warenzeichen oder eingetragene Warenzeichen der jeweiligen Inhaber. Die Wiedergabe von Marken, Produktnamen, Gebrauchsnamen, Handelsnamen, Warenbezeichnungen u.s.w. in diesem Werk berechtigt auch ohne besondere Kennzeichnung nicht zu der Annahme, dass solche Namen im Sinne der Warenzeichen- und Markenschutzgesetzgebung als frei zu betrachten wären und daher von jedermann benutzt werden dürften.

Information bibliographique publiée par la Deutsche Nationalbibliothek: La Deutsche Nationalbibliothek inscrit cette publication à la Deutsche Nationalbibliografie; des données bibliographiques détaillées sont disponibles sur internet à l'adresse http://dnb.d-nb.de.

Toutes marques et noms de produits mentionnés dans ce livre demeurent sous la protection des marques, des marques déposées et des brevets, et sont des marques ou des marques déposées de leurs détenteurs respectifs. L'utilisation des marques, noms de produits, noms communs, noms commerciaux, descriptions de produits, etc, même sans qu'ils soient mentionnés de façon particulière dans ce livre ne signifie en aucune façon que ces noms peuvent être utilisés sans restriction à l'égard de la législation pour la protection des marques et des marques déposées et pourraient donc être utilisés par quiconque.

Coverbild / Photo de couverture: www.ingimage.com

Verlag / Editeur:
Presses Académiques Francophones
ist ein Imprint der / est une marque déposée de
OmniScriptum GmbH & Co. KG
Heinrich-Böcking-Str. 6-8, 66121 Saarbrücken, Deutschland / Allemagne
Email: info@presses-academiques.com

Herstellung: siehe letzte Seite /
Impression: voir la dernière page
ISBN: 978-3-8416-2111-5

Copyright / Droit d'auteur © 2013 OmniScriptum GmbH & Co. KG
Alle Rechte vorbehalten. / Tous droits réservés. Saarbrücken 2013

MINISTÈRE DE L'ENSEIGNEMENT SUPÉRIEUR ET DE LA
RECHERCHE SCIENTIFIQUE
UNIVERSITÉ DES SCIENCES ET DE LA TECHNOLOGIE
HOUARI BOUMEDIENNE
FACULTÉ DES MATHÉMATIQUES

Thèse présenté en vue de l'obtention du diplôme de Doctorat D'état
en mathématiques

Spécialité : Analyse

Par

Berboucha Ahmed

THÈME

| Contribution à l'étude des systèmes dynamiques définis par des équations différentielles ordinaires et à retard |

Soutenu publiquement, 29 juin 2005, devant le jury composé de :

Rachid BEBBOUCHI	Professeur	U.S.T.H.B.	Président.
Mohamed Saïd MOULAY	Professeur	U.S.T.H.B.	Directeur de thèse.
Sidi Mohamed BOUGUIMA	Professeur	Univ. Tlemcen	Examinateur.
Hocine MEKIAS	Professeur	Univ. Sétif.	Examinateur.
Mustapha YEBDRI	Professeur	Univ. Tlemcen	Examinateur
Abdelhamid BENMEZAI	Maître de conférences	U.S.T.H.B	Examinateur
Smail DJEBALI	Maître de conférences	E.N.S. Kouba	Examinateur

REMERCIEMENTS

Je tiens à exprimer mes vifs remerciements au professeur Mohamed Saïd MOULAY qui a accepté de diriger cette thèse et qui m'a permis de m'inscrire en Doctorat d'état à l'USTHB (Alger). Sa gentillesse, ses encouragements continus et ses conseils m'ont été très bénéfiques. Qu'il trouve ici l'expression de ma sincère reconnaissance.

Aussi, je remercie le professeur Rachid BEBBOUCHI pour sa sympathie et l'honneur qu'il me fait en présidant le jury de cette thèse.

Je remercie Messieurs le professeur Sidi Mohamed BOUGUIMA, le professeur Mustapha YEBDRI de l'université de Tlemcen, le professeur Hocine MEKIAS de l'université de Sétif, Monsieur Abdelhamid BENMEZAI Maître de conférences à l'USTHB et Monsieur Smail DJEBALI Maître de conférences à l'ENS de Kouba d'avoir accepté de juger ce travail en faisant partie du jury.

HOMMAGE

C'est feu le professeur Ovide ARINO qui est à l'origine de cette thèse. Il m'en a proposé le sujet et m'a accueilli à plusieurs reprises à l'université de Pau et des Pays de l'Adour où une bonne partie de ce travail fût réalisée. La dernière fois que nous avons eu à collaborer fût en janvier - février 2003 à l'IRD de Bondy (Paris). J'aurais aimé qu'il assiste à la soutenance de cette thèse, mais Dieu a décidé autrement. Je tiens à lui rendre un vibrant hommage.

Table des matières

1 INTRODUCTION GENERALE.   **1**
  1.1 PREFACE 1
  1.2 EXPOSE DE LA METHODE DE REDUCTION DE R.A. SMITH. 2
      1.2.1 Cas des équations différentielles ordinaires. 2
      1.2.2 Cas des équations différentielles à retard. 6
  1.3 PRESENTATION DES TRAVAUX. 11

I SUR LES EQUATIONS DIFFERENTIELLES ORDINAIRES.   **20**

2 EXISTENCE DE SOLUTIONS PERIODIQUES ORBITALEMENT STABLES POUR UN SYSTEME ORDINAIRE DANS $\mathbb{R}^3$.   **21**
  2.1 INTRODUCTION. 22
  2.2 POSITION DU PROBLEME ET RESULTAT PRINCIPAL. . . 23
  2.3 BREF EXPOSE D'UN RESULTAT DE R.A. SMITH. 24
  2.4 CONDITIONS SUFFISANTES POUR QUE LES HYPOTHESES (H_2^1) et (H_2^2) SOIENT VERIFIEES. 25
  2.5 PREUVE DU THEOREME 2.2.2. 26

3 NON-EXISTENCE DE SOLUTIONS PERIODIQUES POUR UN SYSTEME DANS $\mathbb{R}^3$.   **33**
  3.1 INTRODUCTION. 34

3.2 NON-EXISTENCE DE SOLUTIONS
PERIODIQUES. 35

4 UNE ESTIMATION A PRIORI SUR DES SOLUTIONS D'UNE EQUATION DIFFERENTIELLE ORDINAIRE. 39
4.1 INTRODUCTION. 40
4.2 RESULTAT PRINCIPAL. 41
4.3 RESULTATS PRELIMINAIRES. 43
4.4 DEMONSTRATION DU THEOREME 4.2.1. 48

II SUR LES EQUATIONS DIFFERENTIELLES A RETARD. 55

5 UNE GENERALISATION DU THEOREME DE CARTWRIGHT. 56
5.1 INTRODUCTION. 57
5.2 QUELQUES RESULTATS SUR LES FONCTIONS PRESQUE -PERIODIQUES ET LES FONCTIONS QUASI-PERIODIQUES. 58
5.3 RESULTAT PRINCIPAL. 62

6 EXISTENCE DE SOLUTIONS PERIODIQUES ORBITALEMENT STABLES POUR UNE EQUATION DIFFERENTIELLE A RETARD. 66
6.1 INTRODUCTION. 67
6.2 UN RESULTAT DÛ A R.A. SMITH. 68
6.3 APPLICATION A L'ETUDE DE L'EQUATION (6.1.1). ... 69
    6.3.1 QUELQUES RAPPELS SUR LE SPECTRE DE L'EQUATION LINEAIRE. 70
    6.3.2 SOLUTIONS PERIODIQUES. 71

7 CONCLUSION. 76
7.1 Méthode de J. Mallet-Paret. 77
7.2 Méthode de H.O. Walther. 82
7.3 Comparaison avec la méthode de réduction de R.A. Smith. ... 89

1
INTRODUCTION GENERALE.

1.1 PREFACE

De la fin des années soixante-dix au début des années quatre-vingt dix, R.A. Smith a développé une méthode de réduction lui permettant de ramener l'étude de certains aspects d'une équation différentielle ordinaire ou à retard à l'étude de ces mêmes aspects pour une équation différentielle ordinaire en dimension inférieure. En utilisant cette méthode de réduction il a pu notamment généraliser le théorème de Poincaré-Bendixson à une grande classe d'équations différentielles ordinaires en dimension supérieure à deux (voir [15, 16]) puis à une grande classe d'équations différentielles à retard (voir [24]). Beaucoup d'autres résultats ont été obtenus par cet auteur, grâce à cette méthode de réduction (voir [17, 18, 19, 20, 21, 22, 23]).

Dans ce qui suit nous exposons brièvement la méthode de réduction de R.A. Smith et nous présentons les résultats que nous avons obtenus, en grande partie, soit en appliquant cette méthode de réduction, soit en nous inspirant de celle-ci.

1.2 EXPOSE DE LA METHODE DE REDUCTION DE R.A. SMITH.

1.2.1 Cas des équations différentielles ordinaires.

Considérons l'équation différentielle ordinaire autonome

$$\frac{dx}{dt} = f(x) \qquad (1.2.1)$$

où f est une fonction définie sur un ouvert S de $\mathbb{R}^n$, à valeurs dans $\mathbb{R}^n$ et localement lipschitzienne sur S.

Supposons vérifiée l'hypothèse suivante :

($\mathbf{H}_1^1$) il existe des constantes réelles et positives λ, ε et une matrice à coefficients réels et constants, P de type $n \times n$, symétrique et non singulière, avec exactement j ($j < n$ et $j \in \mathbb{N}$) valeurs propres strictement négatives, telle que

$$(x - y)^* P[f(x) - f(y) + \lambda(x - y)] \leq -\varepsilon |x - y|^2 \qquad (1.2.2)$$

pour tout x, y dans S.

$(x - y)^*$ désigne le vecteur transposé de $(x - y)$ et $|.|$ la norme euclidienne.

Une solution x de l'équation (1.2.1) est dite réductible s'il existe $\tau \in \mathbb{R}$ tel que $x(t) \in S$ pour tout $t \in \,]-\infty, \tau]$ et

$$\int_{-\infty}^{\tau} e^{2\lambda t} |x(t)|^2 \, dt \qquad (1.2.3)$$

converge ; (λ étant la constante positive dans $(\mathbf{H}_1^1)$).

Une orbite réductible est l'orbite d'une solution réductible.

Si $x : t \longmapsto x(t)$ est une solution réductible de l'équation (1.2.1) et h est une constante réelle alors $y : t \longmapsto y(t) = x(t + h)$ est aussi une solution réductible de la même équation et elle décrit la même orbite réductible que la solution x. En particulier si une solution x de l'équation (1.2.1) à valeurs dans S est bornée sur $]-\infty, \tau]$ et si $\lambda > 0$, alors elle est réductible. Par conséquent, lorsque $\lambda > 0$, toute solution périodique x de l'équation (1.2.1) à valeurs dans S est réductible.

Pour tout $x \in \mathbb{R}^n$ nous définissons $V(x)$ par

$$V(x) = x^* P x \qquad (1.2.4)$$

1.2. EXPOSE DE LA METHODE DE REDUCTION DE R.A. SMITH.

où P est la matrice dans (1.2.2). Si on remplace dans (1.2.2) x et y par deux solutions x_1 et x_2 de l'équation (1.2.1) prises en un point t quelconque de $]-\infty, \tau]$ on obtient

$$\frac{d}{dt}[e^{2\lambda t}V(x_1(t) - x_2(t))] \leq -2\varepsilon e^{2\lambda t} |x_1(t) - x_2(t)|^2, \qquad (1.2.5)$$

pourvu que x_1 et x_2 soient à valeurs dans $\mathcal{S}$.

En intégrant (1.2.5) on obtient

$$e^{2\lambda \tau}V(x_1(\tau) - x_2(\tau)) \leq e^{2\lambda \theta}V(x_1(\theta) - x_2(\theta)) - 2\varepsilon \int_\theta^\tau e^{2\lambda t} |x_1(t) - x_2(t)|^2 dt, \qquad (1.2.6)$$

pourvu que x_1 et x_2 soient à valeurs dans $\mathcal{S}$ pour $t \in]-\infty, \tau]$.

Si des solutions réductibles x_1 et x_2 sont à valeurs dans $\mathcal{S}$ pour $t \in]-\infty, \tau]$ alors (1.2.6) est vérifiée pour tout $\theta \leq \tau$; $e^{\lambda t}|x_1(t)|$, $e^{\lambda t}|x_2(t)|$ appartiennent à $L^2(-\infty, \tau)$. Par conséquent $e^{\lambda t}|x_1(t) - x_2(t)| \in L^2(-\infty, \tau)$ et par suite $(e^{\lambda \theta_\nu}|x_1(\theta_\nu) - x_2(\theta_\nu)|) \to 0$ pour une suite (θ_ν) telle que $\theta_\nu \to -\infty$ lorsque $\nu \to +\infty$.

En remplaçant θ par θ_ν dans (1.2.6) et en faisant tendre ν vers $+\infty$ on obtient

$$e^{2\lambda \tau}V(x_1(\tau) - x_2(\tau)) \leq -2\varepsilon \int_{-\infty}^\tau e^{2\lambda t} |x_1(t) - x_2(t)|^2 dt \leq 0, \qquad (1.2.7)$$

pour toute paire de solutions réductibles x_1 et x_2 de l'équation différentielle (1.2.1).

Etant donné que la matrice P dans (1.2.2) possède j valeurs propres strictement négatives et $(n-j)$ valeurs propres strictement positives, il existe une matrice inversible M de type $n \times n$ telle que

$$M^*PM = diag(-I_j, I_{n-j})$$

où I_r désigne la matrice unité $r \times r$. La forme quadratique V se réduit alors à sa forme canonique

$$V(x) = Y^2 - X^2$$

par la substitution $x = M col(X, Y)$ avec $X \in \mathbb{R}^j$ et $Y \in \mathbb{R}^{n-j}$.

Notons Π l'application linéaire de $\mathbb{R}^n$ dans $\mathbb{R}^j$ telle que $\Pi x = X$ pour tout $x \in \mathbb{R}^n$. Puisque

$$|M^{-1}x|^2 = X^2 + Y^2,$$

on obtient
$$V(x) + 2\left|\Pi x\right|^2 = \left|M^{-1}x\right|^2 \geq \left|\Pi x\right|^2, \tag{1.2.8}$$
pour tout $x \in \mathbb{R}^n$. En posant $x = x_1 - x_2$ et en utilisant (1.2.7) on obtient
$$2\left|\Pi(x_1(\tau) - x_2(\tau))\right|^2 \geq \left|M^{-1}(x_1(\tau) - x_2(\tau))\right|^2 \geq \left|\Pi(x_1(\tau) - x_2(\tau))\right|^2, \tag{1.2.9}$$
pour des solutions réductibles x_1 et x_2 à valeurs dans $\mathcal{S}$ pour tout $t \in\ ]-\infty, \tau]$.

Si x_1 et x_2 sont deux solutions réductibles à valeurs dans $\mathcal{S}$ et si h et k sont deux constantes positives, alors les solutions réductibles y_1 et y_2 définies par $y_1 : t \longmapsto y_1(t) = x_1(t-h)$ et $y_2 : t \longmapsto y_2(t) = x_2(t-k)$ sont à valeurs dans $\mathcal{S}$ pour tout $t \in\ ]-\infty, \tau]$ et on peut par conséquent remplacer x_1 et x_2 dans (1.2.9) par y_1 et y_2. Ceci entraîne que si Γ_1 et Γ_2 sont deux orbites réductibles qui correspondent à x_1 et x_2 alors
$$2\left|\Pi p_1 - \Pi p_2\right|^2 \geq \left|M^{-1}(p_1 - p_2)\right|^2 \geq \left|\Pi p_1 - \Pi p_2\right|^2, \tag{1.2.10}$$
pour tout $p_1 \in \Gamma_1$ et tout $p_2 \in \Gamma_2$.

Lorsque l'équation (1.2.1) vérifie l'hypothèse $(\mathbf{H}_1^1)$, nous appellerons ensemble réductible $\mathcal{U}$, la réunion de toutes les orbites réductibles de l'équation (1.2.1), contenues dans $\mathcal{S}$. De la formule (1.2.10) on déduit que $\mathcal{U}$ et $\Pi\mathcal{U}$ sont homéomorphes par Π. Si on note $\Psi : \Pi\mathcal{U} \to \mathcal{U}$ l'inverse de l'homéomorphisme $\Pi : \mathcal{U} \to \Pi\mathcal{U}$ alors nous obtenons grâce à (1.2.10)
$$2\left|\zeta_1 - \zeta_2\right|^2 \geq \left|M^{-1}(\Psi(\zeta_1) - \Psi(\zeta_2))\right|^2 \geq \left|\zeta_1 - \zeta_2\right|^2, \tag{1.2.11}$$
pour tout $\zeta_1, \zeta_2 \in \Pi\mathcal{U}$.

Si x est solution de l'équation (1.2.1) et $\zeta(t) = \Pi x(t)$ alors
$$\frac{d\zeta}{dt} = \Pi \frac{dx}{dt}$$
car Π est linéaire de $\mathbb{R}^n$ dans $\mathbb{R}^j$. Ceci montre que si x est réductible alors ζ est une solution de l'équation j-dimensionnelle
$$\frac{d\zeta}{dt} = \Pi f(\Psi(\zeta)). \tag{1.2.12}$$
Le membre de droite de cette équation est localement lipschitzien sur $\Pi\mathcal{U}$ puisque Π est linéaire, f est localement lipschitzienne sur $\mathcal{S}$ et Ψ satisfait la double inégalité (1.2.11).

1.2. EXPOSE DE LA METHODE DE REDUCTION DE R.A. SMITH.

Les seuls points critiques de l'équation (1.2.12) sont ceux qui s'écrivent Πk où k est un point critique de l'équation (1.2.1) ; x est une solution périodique de l'équation (1.2.1) si, et seulement si, Πx est une solution périodique de l'équation différentielle (1.2.12).

Dans ce qui suit nous donnons un exemple d'équation différentielle pour laquelle l'hypothèse ($\mathbf{H}_1^1$) est vérifiée.

Considérons l'équation différentielle

$$\frac{dx}{dt} = Ax + B\phi(Cx), \qquad (1.2.13)$$

où A, B et C sont des matrices réelles et constantes de type $n \times n$, $n \times r$ et $s \times n$ respectivement, et ϕ une fonction continue de $\mathbb{R}^s$ dans $\mathbb{R}^r$. Si $\mathcal{S} \subset \mathbb{R}^n$ et $C\mathcal{S} = \{Cx \; tq \; x \in \mathcal{S}\}$ alors $C\mathcal{S} \subset \mathbb{R}^s$. Supposons qu'il existe une constante $\Lambda(C\mathcal{S}) \geq 0$ telle que

$$|\phi(\xi_1) - \phi(\xi_2)| \leq \Lambda(C\mathcal{S}) |\xi_1 - \xi_2|, \qquad (1.2.14)$$

pour tout ξ_1, ξ_2 appartenant à $C\mathcal{S}$.

Notons $|K|$ la norme spectrale d'une matrice K de type $r \times s$; ($|K|^2$ est la plus grande valeur propre de la matrice symétrique K^*K).

Dans le cas où $C\mathcal{S}$ est convexe et ϕ est continûment différentiable dans $C\mathcal{S}$, si on note ϕ' la matrice jacobienne de ϕ, l'inégalité (1.2.14) est équivalente à $|\phi'| \leq \Lambda(C\mathcal{S})$.

La matrice de type $r \times s$

$$\chi(z) = C(zI - A)^{-1}B \qquad (1.2.15)$$

est appelée la matrice de transfert de l'équation (1.2.13), elle est définie pour tout complexe z tel que $\det(zI - A) \neq 0$. Si A n'admet pas de valeur propre z telle que $\mathrm{Re}\, z = -\lambda$, on peut définir

$$\mu(\lambda) = \sup_{\omega \in \mathbb{R}} |\chi(i\omega - \lambda)|. \qquad (1.2.16)$$

Nous avons alors le lemme suivant :

Lemme 1.2.1 *(voir [22]) Supposons que la matrice A de type $n \times n$ ait j valeurs propres z vérifiant $\mathrm{Re}\, z > -\lambda$ et $n-j$ valeurs propres vérifiant $\mathrm{Re}\, z < -\lambda$. Si l'inégalité (1.2.14) est vérifiée avec $\Lambda(C\mathcal{S}) < \mu(\lambda)^{-1}$ alors il existe une constante $\varepsilon > 0$ et une matrice réelle P de type $n \times n$, symétrique et non singulière telle que l'hypothèse ($\mathbf{H}_1^1$) soit vérifiée pour $f(x) = Ax + B\phi(Cx)$.*

Nous conseillons le lecteur intéressé par cette méthode de réduction de voir, pour plus de détails et des applications, les articles publiés par R.A. Smith [16, 17, 18, 19, 21]. Pour le cas des équations différentielles ordinaires non autonomes, voir [20].

1.2.2 Cas des équations différentielles à retard.

Dans le cas des équations différentielles à retard une méthode de réduction similaire à la précédente est donnée par le même auteur. L'espace des phases étant de dimension infinie pour ce type d'équations, on ne peut pas parler d'une matrice P telle que la relation (1.2.2) soit vérifiée. Par contre les conditions imposées à l'équation (1.2.13) sont facilement généralisables aux équations écrites sous la forme contrôle par rétroaction (en anglais "feed-back contrôle"). C'est pour ce type d'équations que R.A. Smith a généralisé la méthode de réduction décrite dans le paragraphe précédent. Nous donnons un bref exposé dans ce qui suit ; pour plus de détails, le lecteur intéressé pourra consulter [23, 24].

Soit $0 \leq h < \infty$ et $\mathcal{C}$ l'espace de Banach des fonctions continues $\varphi : [-h, 0] \to \mathbb{R}^n$, avec $|\varphi| = \sup |\varphi(\theta)|$, $-h \leq \theta \leq 0$. ($|\varphi(\theta)|$ est la norme euclidienne de $\varphi(\theta)$ dans $\mathbb{R}^n$).

Considérons l'équation différentielle fonctionnelle à retard écrite sous la forme
$$\dot{x}(t) = Ax_t + B\Phi(Cx_t) \qquad (1.2.17)$$

respectivement
$$\dot{x}(t) = Ax_t + B\Phi(t, Cx_t) \qquad (1.2.18)$$

où B est une matrice constante de type $n \times r$, $A : \mathcal{C} \to \mathbb{R}^n$ et $C : \mathcal{C} \to \mathbb{R}^s$ sont des applications linéaires bornées, $\mathcal{S}$ un ouvert de $\mathcal{C}$, x_t désigne la fonction $\theta \mapsto x(t+\theta)$; $\theta \in [-h, 0]$ et la fonction $\Phi : C\mathcal{S} \to \mathbb{R}^r$
(respectivement, $\mathbb{R} \times C\mathcal{S} \to \mathbb{R}^r$) satisfait la condition de Lipschitz

$$|\Phi(y_1) - \Phi(y_2)| \leq \Omega(C\mathcal{S}) |y_1 - y_2| \quad \text{pour } y_1, y_2 \in C\mathcal{S} \qquad (1.2.19)$$

respectivement

$$|\Phi(t, y_1) - \Phi(t, y_2)| \leq \Omega(C\mathcal{S}) |y_1 - y_2| \quad \text{pour } y_1, y_2 \in C\mathcal{S} \qquad (1.2.20)$$

(puisque $\mathcal{S} \subset \mathcal{C}$ on a $C\mathcal{S} \subset \mathbb{R}^s$).

1.2. EXPOSE DE LA METHODE DE REDUCTION DE R.A. SMITH.

Les applications linéaires bornées A et C peuvent être représentées par (voir [23])

$$A\varphi = \int_{-h}^{0} [d\alpha(\theta)]\,\varphi(\theta) \quad, \quad C\varphi = \int_{-h}^{0} [d\gamma(\theta)]\,\varphi(\theta)\,, \qquad (1.2.21)$$

où $\alpha(\theta)$ et $\gamma(\theta)$ sont des matrices de type $n \times n$ et $s \times n$, respectivement, dont les éléments sont des fonctions à variations bornées sur l'intervalle $[-h, 0]$.

Nous définissons les fonctions

$$\mathbf{a}(z) = \int_{-h}^{0} e^{z\theta} d\alpha(\theta) \quad, \quad \mathbf{c}(z) = \int_{-h}^{0} e^{z\theta} d\gamma(\theta) \qquad z \in \mathbb{C}\,. \qquad (1.2.22)$$

Ces fonctions sont analytiques sur $\mathbb{C}$ (voir [23]) et l'équation

$$\det[zI - \mathbf{a}(z)] = 0 \qquad (1.2.23)$$

est appelée l'équation caractéristique de A. Elle a seulement un nombre fini de racines dans le demi-plan $Re z \geq \beta$ et ceci pour tout nombre réel β (voir [10] page 181).

Dans la suite nous supposerons que $\lambda \geq 0$ est une constante satisfaisant l'hypothèse suivante :

($\mathbf{H}_1^2$) l'équation (1.2.23) n'admet pas de racine z telle que

$Re z = -\lambda$ et admet exactement j racines z telles que $Re z > -\lambda$, j étant un entier positif.

Ces racines sont comptées avec leur ordre de multiplicité. La matrice

$$\chi(z) = \mathbf{c}(z)\left[zI - \mathbf{a}(z)\right]^{-1} B \qquad (1.2.24)$$

est appelée la matrice de transfert de l'équation (1.2.17) (respectivement (1.2.18)), elle est de type $s \times r$. Lorsque ($\mathbf{H}_1^2$) est vérifiée, on définit

$$\mu(\lambda) = \sup_{\omega \in \mathbb{R}} |\chi(-\lambda - i\omega)| \qquad (1.2.25)$$

où $|K|$ désigne la norme spectrale d'une matrice rectangulaire quelconque K ; ($|K|^2$ est la plus grande valeur propre de la matrice symétrique K^*K où K^* est la matrice adjointe de K).

A l'application linéaire bornée $A : \mathcal{C} \to \mathbb{R}^n$ nous allons associer une application linéaire $\Pi : \mathcal{C} \to \mathbb{R}^j$ où j est l'entier défini dans ($\mathbf{H}_1^2$).

1.2. EXPOSE DE LA METHODE DE REDUCTION DE R.A. SMITH.

Pour $j > 0$, les racines $\zeta_1, ..., \zeta_j$ de (1.2.23) du demi-plan $Rez > -\lambda$ nous donnent un sous espace j-dimensionnel $\mathcal{P}$ de $\mathcal{C}$, qui a une base $\varphi_1, ..., \varphi_j$ qui consiste en certaines "fonctions propres généralisées" associées à ces racines (voir [10, 23]). L'espace $\mathcal{P}$ a un complémentaire $\mathcal{Q}$ qui est un sous-espace de $\mathcal{C}$ et on a $\mathcal{C} = \mathcal{P} \oplus \mathcal{Q}$ (somme directe) et donc tout élément φ de $\mathcal{C}$ peut s'écrire

$$\varphi = r_1\varphi_1 + r_2\varphi_2 + ... + r_j\varphi_j + \varphi_q \quad (1.2.26)$$

où $r_1, r_2, ..., r_j$ sont des constantes réelles et $\varphi_q \in \mathcal{Q}$.

En posant

$$\Pi\varphi = \text{col}(r_1, r_2, ..., r_j) \quad (1.2.27)$$

on définit une application linéaire $\Pi : \mathcal{C} \to \mathbb{R}^j$. Pour $\nu = 1, 2, ..., j$ les nombres r_ν sont donnés par

$$r_\nu = \psi_\nu(0)\varphi(0) - \int_{-h}^{0}\int_{0}^{\theta} \psi_\nu(\xi - \theta)\left[d\alpha(\theta)\right]\varphi(\xi)d\xi \quad (1.2.28)$$

où $\alpha(\theta)$ est la matrice $n \times n$ dans (1.2.21) et les vecteurs continus $\psi_1(\theta), ..., \psi_j(\theta)$ sont certaines "fonctions propres généralisées" de la forme adjointe de $\dot{x}(t) = Ax_t$ correspondantes aux racines $\zeta_1, ..., \zeta_j$ (voir [23]). Il s'ensuit de (1.2.27) et (1.2.28) qu'il existe une constante k_1 telle que

$$|\Pi\varphi| \leq k_1|\varphi| \text{ pour tout } \varphi \in \mathcal{C}. \quad (1.2.29)$$

Nous discuterons dans ce qui suit quelques propriétés de Π.

On suppose que $\Omega(\mathcal{CS}) < \mu(\lambda)^{-1}$. Les symboles $k_1, k_2, ...$, sont des constantes qui dépendent de A, B, C, λ et $\Omega(\mathcal{CS})$.

Les trois lemmes suivants sont dûs à R.A. Smith [23, 24].

Lemme 1.2.2 *Il existe des constantes k_2, k_3, k_4, k_5, k_6 positives telles que*

$$\int_\sigma^\tau \left|\frac{d}{dt}\left\{e^{2\lambda t}|x(t) - y(t)|^2\right\}\right| dt \leq k_2 \int_{\sigma-h}^\tau e^{2\lambda t}|x(t) - y(t)|^2 dt \; ; \quad (1.2.30)$$

$$\left[\int_\sigma^\tau e^{2\lambda t}|x(t) - y(t)|^2 dt\right]^{\frac{1}{2}} \leq k_3 e^{\lambda\sigma}|x_\sigma - y_\sigma| + k_4 e^{\lambda\tau}|\Pi(x_\tau - y_\tau)| \; ; \quad (1.2.31)$$

$$|x_\tau - y_\tau| \leq k_5 e^{\lambda(\sigma-\tau)}|x_\sigma - y_\sigma| + k_6|\Pi(x_\tau - y_\tau)| \; ; \quad (1.2.32)$$

pour tout $\sigma < \tau$ et toutes solutions x et y de (1.2.17) telles que $x_t, y_t \in \mathcal{S}$ pour $\sigma \leq t \leq \tau$.

Une solution x de l'équation (1.2.17) est dite "réductible" si $x_t \in \mathcal{S}$ pour $-\infty < t \leq \tau$ et $\int_{-\infty}^{\tau} e^{2\lambda t} |x(t)|^2 \, dt$ converge. En particulier si $\lambda > 0$, alors si une solution x_t à valeurs dans $\mathcal{S}$ est bornée sur $]-\infty, \tau]$, elle est réductible. Par conséquent toute solution périodique x_t à valeurs dans $\mathcal{S}$ est réductible, lorsque $\lambda > 0$.

Lemme 1.2.3 *Si x et y sont des solutions réductibles de (1.2.17) sur $]-\infty, \tau]$ alors*

$$e^{\lambda \sigma} |x(\sigma) - y(\sigma)| \to 0 \quad qd \ \sigma \to -\infty \ ; \tag{1.2.33}$$

$$\int_{-\infty}^{\tau} e^{2\lambda t} |x(t) - y(t)|^2 \, dt \leq k_4^2 e^{2\lambda \tau} |\Pi(x_\tau - y_\tau)|^2 \ ; \tag{1.2.34}$$

$$(k_6)^{-1} |x_\tau - y_\tau| \leq |\Pi(x_\tau - y_\tau)| \leq k_1 |x_\tau - y_\tau| \ . \tag{1.2.35}$$

En particulier, (1.2.34) *montre que si* $\Pi x_\tau = \Pi y_\tau$ *alors* $x(t) = y(t)$ *pour* $-\infty < t \leq \tau$.

Lemme 1.2.4 *Si x et y sont des solutions réductibles de (1.2.17) sur $]-\infty, \tau]$ alors*

$$e^{\lambda \sigma} |x_\sigma - y_\sigma| \leq k_7 e^{\lambda \tau} |x_\tau - y_\tau| \quad \text{pour tout } \sigma \leq \tau \ ; \tag{1.2.36}$$

$$\int_{-\infty}^{\tau} e^{2\lambda t} |\dot{x}(t)|^2 \, dt \leq k_4^2 e^{2\lambda \tau} |\Pi \dot{x}_\tau|^2 \ ; \tag{1.2.37}$$

où $\dot{x}_\tau$ désigne la fonction $\theta \mapsto \dot{x}(\tau + \theta)$, $\theta \in [-h, 0]$.

Définition 1.2.1 *(voir [24]) Une orbite réductible de (1.2.17) est la courbe dans $\mathcal{S}$ d'une solution réductible x_t.*

Si x_t est une solution réductible et si η est une constante réelle quelconque alors $x_{t+\eta}$ est aussi une solution réductible et elle décrit la même orbite réductible que x_t.

L'ensemble "réductible" $\mathcal{A}$ de (1.2.17) est défini comme étant la réunion de toutes les orbites réductibles dans $\mathcal{S}$.

Si $\lambda > 0$ et si $E \subset \mathcal{S}$ est un ensemble borné invariant alors toute orbite se trouvant dans E est réductible et donc $E \subset \mathcal{A}$.

En particulier, lorsque $\lambda > 0$, $\mathcal{A}$ contient toute trajectoire périodique dans $\mathcal{S}$ et tout point singulier dans $\mathcal{S}$.

1.2. EXPOSE DE LA METHODE DE REDUCTION DE R.A. SMITH.

Si $p \in \mathcal{A}$ et $q \in \mathcal{A}$ alors $p = x_\tau$, $q = y_\tau$ pour des solutions réductibles x_t, y_t qui restent dans $\mathcal{S}$ pour $t \in \,]-\infty, \tau]$, et à partir de (1.2.35) on obtient

$$(k_6)^{-1} |p - q| \leq |\Pi p - \Pi q| \leq k_1 |p - q| \text{ pour tout } p, q \in \mathcal{A}. \quad (1.2.38)$$

La restriction de l'application Π à $\mathcal{A}$, $\Pi : \mathcal{A} \to \Pi \mathcal{A}$ est par conséquent bijective.

Si on note $\Psi : \Pi \mathcal{A} \to \mathcal{A}$ son inverse, alors nous obtenons de (1.2.38)

$$(k_1)^{-1} |\zeta - \xi| \leq |\Psi(\zeta) - \Psi(\xi)| \leq k_6 |\zeta - \xi| \text{ pour tout } \zeta, \xi \in \Pi \mathcal{A}. \quad (1.2.39)$$

$\mathcal{A}$ est donc homéomorphe à $\Pi \mathcal{A}$.

Il s'ensuit que si Γ et Υ sont deux trajectoires réductibles distinctes alors les courbes $\Pi \Gamma$ et $\Pi \Upsilon$ sont disjointes.

Si $\zeta \in \Pi \mathcal{A}$ alors $\Psi(\zeta) = x_\tau$ pour une unique solution réductible x_t qui reste dans $\mathcal{S}$ sur $]-\infty, \tau]$. En définissant $g(\zeta) = \Pi \dot{x}_\tau$, on obtient une fonction $g : \Pi \mathcal{A} \to \mathbb{R}^j$.

Puisque $\Pi \dot{x}_t$ est la dérivée de Πx_t, la fonction Πx_t est une solution de l'équation j-dimensionnelle

$$\frac{d\zeta}{dt} = g(\zeta) \quad (1.2.40)$$

pour toute solution réductible x_t de (1.2.17).

La fonction $g(\zeta)$ est lipschitzienne dans $\Pi \mathcal{A}$ (voir [24])

$$|g(\zeta) - g(\xi)| \leq k_8 |\zeta - \xi| \text{ pour tout } \zeta, \xi \in \Pi \mathcal{A}. \quad (1.2.41)$$

De plus, on a le lemme suivant :

Lemme 1.2.5 *(voir [24] page 221) Si $\mathcal{B} \subset \mathbb{R}^\nu$ et $\mu : \mathcal{B} \to \mathbb{R}$ satisfait*

$$|\mu(x) - \mu(y)| \leq k |x - y| \text{ pour tout } x, y \in \mathcal{B} \quad (1.2.42)$$

alors il existe $\hat{\mu} : \mathbb{R}^\nu \to \mathbb{R}$ qui vérifie (1.2.42) pour tout $x, y \in \mathbb{R}^\nu$ et vérifie $\hat{\mu}(b) = \mu(b)$ pour tout $b \in \mathcal{B}$.

Ecrivons à présent $g(\zeta) = (g_1(\zeta), g_2(\zeta), ..., g_j(\zeta))$.

Alors les fonctions $g_1, g_2, ..., g_j$ satisfont la condition de Lipschitz (1.2.41) sur $\Pi \mathcal{A}$ et le lemme 1.2.5 nous permet d'affirmer qu'il existe des fonctions

$\hat{g}_1, \hat{g}_2, ..., \hat{g}_j$ qui satisfont la même condition de Lipschitz sur $\mathbb{R}^j$ et qui coïncident avec $g_1, g_2, ..., g_j$ sur $\Pi\mathcal{A}$. Si on pose

$$\hat{g}(\zeta) = (\hat{g}_1(\zeta), \hat{g}_2(\zeta), ..., \hat{g}_j(\zeta)) \qquad (1.2.43)$$

alors l'équation différentielle

$$\frac{d\zeta}{dt} = \hat{g}(\zeta) \qquad (1.2.44)$$

est une extension de l'équation (1.2.40) pour laquelle la fonction $\hat{g}(\zeta)$ est lipschitzienne sur tout $\mathbb{R}^j$. Il est clair que si x est une solution réductible de (1.2.17) sur $]-\infty, \tau]$ alors Πx_t est l'unique solution ζ de (1.2.40) telle que $\zeta(\tau) = \Pi x_\tau$. On a alors

$$\zeta(t) = \Pi x_t \quad , \quad x_t = \Psi(\zeta(t)) \qquad (1.2.45)$$

qui nous donne une correspondance biunivoque entre les solutions réductibles x de (1.2.17) et les solutions ζ de (1.2.40) définies dans $\Pi\mathcal{A}$.

La condition $\Omega(\mathcal{CS}) < \mu(\lambda)^{-1}$ est la seule restriction que nous imposons à l'équation (1.2.17). C'est une condition suffisante pour obtenir les résultats des lemmes 1.2.2, 1.2.3 et 1.2.4 dont les inégalités et notamment l'inégalité (1.2.35), nous permettent d'obtenir une bijection entre les solutions réductibles de l'équation (1.2.17) et les solutions de l'équation différentielle ordinaire (1.2.40) qui lui est associée par la projection Π. Cette condition stipule que la partie non linéaire du second membre de l'équation (1.2.17) doit être lipschitzienne avec une constante de Lipschitz majorée par $\mu(\lambda)^{-1}$. En particulier si Φ est de classe $\mathcal{C}^1$ et J_y est la matrice jacobienne de Φ en $y \in \mathcal{CS}$, alors on doit avoir $|J_y| \leq \Omega(\mathcal{CS}) < \mu(\lambda)^{-1}$.

1.3 PRESENTATION DES TRAVAUX.

La première partie de la présente thèse est consacrée à des équations différentielles ordinaires.

Dans le **chapitre 2**, on a surtout voulu vérifier l'applicabilité de la méthode de réduction de R.A. Smith. Nous avons alors choisi comme exemple le système différentiel suivant :

$$\frac{dx}{dt} = -\alpha x - F(x) \qquad (1.3.1)$$

1.3. PRESENTATION DES TRAVAUX.

où α est un paramètre réel, $x = \begin{pmatrix} x_1 \\ x_2 \\ x_3 \end{pmatrix} \in \mathbb{R}^3$ et $F(x) = \begin{pmatrix} f(x_2) \\ f(x_3) \\ f(x_1) \end{pmatrix}$.

Ce système a été utilisé par Arino et Cherif [1] pour montrer l'existence de solutions périodiques pour l'équation différentielle à retard

$$\frac{dx}{dt} = -\alpha x(t) - f(x(t - \frac{T}{3})) \qquad (1.3.2)$$

où T désigne la période de la solution périodique x de (1.3.2). Par une méthode directe Arino et Cherif ont montré que sous certaines hypothèses sur f, le système (1.3.1) admet, pour tout $\alpha \in \left]0, \frac{1}{2}\right[$, une solution périodique.

En utilisant la méthode de réduction de R.A. Smith, nous avons montré pour ce système le résultat suivant (voir théorème 2.2.2 et [5]) :

Théorème 1.3.1 *On suppose vérifiées les hypothèses suivantes :*
1) $\alpha \in \left]\frac{1}{4}, \frac{1}{2}\right[$;
2) $f \in \mathcal{C}^1(\mathbb{R}), f'(0) = 1$ *et* $\frac{1}{2} < f'(x) < \frac{3}{2} \; \forall x \in \mathbb{R}$;
3) $\lim\limits_{x \to \infty} \frac{\frac{x}{2} - f(x)}{x} = 0.$
Alors, l'équation (1.3.1) *admet au moins une solution périodique orbitalement stable.*

Le résultat obtenu par Arino et Cherif dans [1] affirme l'existence de solutions périodiques pour des valeurs du paramètre α appartenant à un intervalle contenant celui pour lequel on affirme dans ce théorème l'existence de solutions périodiques orbitalement stables. La nouveauté dans notre résultat est la stabilité orbitale, question non-étudiée par Arino et Chérif dans [1].

Dans le **chapitre 3**, nous avons repris le système (1.3.1) pour montrer que pour certaines valeurs du paramètre α, ce système ne peut pas admettre de solution périodique non triviale. Dans le cas des systèmes plan, Bendixson [4] a montré que si $div f \neq 0$ sur $\mathbb{R}^2$ alors l'équation différentielle $\dot{x}(t) = f(x(t))$ où $x \in \mathbb{R}^2$ ne peut pas admettre de solution périodique non triviale. Un résultat de Dulac [9] généralise ce résultat comme suit :

Si $div(\alpha f) \neq 0$ sur un ouvert D de $\mathbb{R}^2$, où α est une fonction continue, définie de D dans $\mathbb{R}$, alors l'équation $\dot{x}(t) = f(x(t))$ où $x \in \mathbb{R}^2$ ne peut pas admettre de solution périodique non triviale, contenue dans D.

R.A. Smith [17, 21], en utilisant sa méthode de réduction, a généralisé les résultats de Bendixson et de Dulac à la classe d'équations différentielles ordinaires d'ordre $n > 2$, qui vérifient, entre autre, l'hypothèse ($\mathbf{H}_1^1$) du paragraphe 1.2.1. Y Li et J.S. Muldowney [11], ont généralisé les résultats de non existence de solutions périodiques obtenus par R.A. Smith. Nous utilisons leur résultat pour montrer (voir théorème 3.2.2 et [14]) le résultat suivant :

Théorème 1.3.2 *Considérons le système* (1.3.1) *où α est un paramètre réel et $f \in \mathcal{C}^1(\mathbb{R})$. Si $|\alpha| > \sup_{x \in \mathbb{R}} \dfrac{|f'(x)|}{2}$ alors le système* (1.3.1) *n'admet pas de solution périodique non triviale.*

Dans le **chapitre 4**, en nous inspirant des travaux de R.A. Smith nous montrons un résultat fondamental que nous résumons comme suit.

Considérons l'équation différentielle ordinaire écrite sous la forme suivante

$$\frac{dx}{dt} = Ax(t) + B\phi(t, Cx(t)) \tag{1.3.3}$$

où A, B et C sont des matrices constantes de type $n \times n$, $n \times r$, $s \times n$ respectivement. Nous supposons que pour une constante fixée $\lambda > 0$, A n'admet pas de valeur propre z telle que $\operatorname{Re} z = -\lambda$, admet j valeurs propres z telles que $\operatorname{Re} z > -\lambda$ et $n - j$ valeurs propres z telles que $\operatorname{Re} z < -\lambda$, où $0 \le j < n$.

Notons S_λ la plus grande variété invariante associée aux valeurs propres z de A telles que $\operatorname{Re} z < -\lambda$ et U_λ la plus grande variété invariante associée aux valeurs propres z de A telles que $\operatorname{Re} z > -\lambda$, on a $S_\lambda \oplus U_\lambda = \mathbb{R}^n$. Si σ et τ sont deux réels quelconques tels que $\sigma < \tau$ et si x et y sont deux solutions de l'équation différentielle (1.3.3) nous montrons sous certaines hypothèses (voir théorème 4.2.1 et [2]) le résultat suivant :

Théorème 1.3.3 *Si l'équation différentielle* (1.3.3) *satisfait les hypothèses $\left(\mathbf{H}_4^1\right)$, $\left(\mathbf{H}_4^2\right)$, $\left(\mathbf{H}_4^3\right)$ et si x et y sont deux solutions de* (1.3.3) *définies sur $[\sigma, \tau]$ où σ et τ sont deux réels quelconques tels que $\sigma < \tau$ alors pour tout $t \in [\sigma, \tau]$ on a :*

1) $\left\| e^{\lambda t}(x(t) - y(t)) \right\|_{L^2_{(\sigma,\tau)}} \le$
$$k_5 \left[e^{\lambda \sigma} \left\| \Pi^-(x(\sigma) - y(\sigma)) \right\| + e^{\lambda \tau} \left\| \Pi^+(x(\tau) - y(\tau)) \right\| \right]$$

2) $\|x(\tau) - y(\tau)\| \leq k_6 \left[e^{\lambda(\sigma-\tau)} \|\Pi^-(x(\sigma) - y(\sigma))\| + \|\Pi^+(x(\tau) - y(\tau))\| \right]$
où k_5 et k_6 sont deux constantes positives.

Pour les hypothèses $(\mathbf{H}_4^1)$, $(\mathbf{H}_4^2)$ et $(\mathbf{H}_4^3)$ voir le chapitre 4 ou [2].

La deuxième partie de la thèse est consacrée à des équations différentielles à retard.

Dans le **chapitre 5**, on a généralisé un théorème de Cartwright à une grande classe d'équations différentielles à retard. Il s'agit des équations écrites sous la forme suivante :

$$\frac{dx}{dt} = Ax_t + B\phi(Cx_t) \qquad (1.3.4)$$

où B est une matrice constante de type $n \times r$, $A : \mathcal{C} \to \mathbb{R}^n$ et $C : \mathcal{C} \to \mathbb{R}^s$ sont des applications linéaires bornées ; $\mathcal{C}$ est l'espace de Banach des applications $\varphi : [-h, 0] \to \mathbb{R}^n$ où h est un réel positif et x_t désigne la fonction $\theta \mapsto x(t+\theta)$, $\theta \in [-h, 0]$; ϕ est lipschitzienne de $\mathbb{R}^s$ dans $\mathbb{R}^r$. Le théorème de Cartwright, rappelons le, stipule que si x est une solution presque-périodique, définie sur $\mathbb{R}$, d'une équation différentielle

$$\frac{dx}{dt} = f(x), \qquad (1.3.5)$$

où $x \in \mathbb{R}^n$, alors x est quasi-périodique (voir [7, 8]). Ce résultat a été étendu en 1976 par J. Mallet-Paret [12] au cas des équations différentielles à retard discret de la forme

$$\frac{dx}{dt} = f(x(t), x(t - \tau_1), ..., x(t - \tau_N)) \qquad (1.3.6)$$

où $x \in \mathbb{R}^n$, $f : \mathbb{R}^{n(N+1)} \to \mathbb{R}^n$ est de classe $\mathcal{C}^1$, bornée sur $\mathbb{R}^{n(N+1)}$ et les τ_j sont des constantes appartenant à l'intervalle $]0, 1]$.

Nous avons d'abord montré un résultat sur les fonctions presque -périodiques (voir la proposition 5.2.2 du chapitre 5). Ensuite, nous avons montré, en utilisant ce résultat et la méthode de réduction de R.A. Smith (voir théorème 5.2.1 et [3]) que sous certaines hypothèses, notamment sur la constante de Lipschitz associée à la fonction ϕ on a le résultat suivant :

1.3. PRESENTATION DES TRAVAUX.

Théorème 1.3.4 *Supposons que pour l'équation (1.2.17), il existe un réel $\lambda > 0$ et un entier $j > 0$ tel que $(\mathbf{H}_1^2)$ soit vérifiée et que (1.2.19) soit vérifiée avec $\Omega(CS) < \mu(\lambda)^{-1}$. Alors toute solution presque-périodique de l'équation (1.2.17), définie sur $\mathbb{R}$, est quasi-périodique.*

Dans le **chapitre 6**, nous considérons l'équation différentielle à retard

$$\frac{dx}{dt} = -\beta x(t) + f(x(t-1)) \tag{1.3.7}$$

où β est une constante positive et $f : \mathbb{R} \to \mathbb{R}$ est une fonction régulière telle que $f(0) = 0$.

Cette équation a suscité et suscite encore beaucoup d'intérêt ces dernières années à cause de ses nombreuses applications (écologie, physiologie physique ...) (voir [25]). En utilisant un résultat fondamental de R.A. Smith, obtenu par la méthode de réduction, nous avons montré (voir théorème 6.3.2 et [6]) le théorème suivant :

Théorème 1.3.5 *Si pour l'équation (1.3.7) les hypothèses suivantes sont vérifiées,*

i) l'hypothèse (H_6^1) ;

ii) $(\alpha - \gamma) > 0$ et $\Phi(\operatorname{arccot} \dfrac{-\beta}{3\pi}) < (\alpha - \gamma)e^\beta < \Phi(\operatorname{arccot} \dfrac{-2\beta}{\pi})$;

iii) $\Phi(\operatorname{arccot} \dfrac{\lambda - \beta}{3\pi}) < \alpha e^{\beta - \lambda} < \Phi(\operatorname{arccot} \dfrac{2(\lambda - \beta)}{\pi})$;

iv) $\sup |h'(y)| < \left[\sup_{\omega \in \mathbb{R}} \dfrac{e^\lambda}{-\lambda + \beta + i\omega + \alpha e^{\lambda + i\omega}}\right]^{-1}$;

où on a noté $\gamma = h'(0)$ et $\Phi(T) = \dfrac{T}{\sin T} \exp(-T \cot T)$.

Alors cette équation admet au moins une solution périodique orbitalement stable.

Pour les hypothèses et la signification des notations, dans ce théorème, voir le chapitre 6 ou [6].

Nous avons terminé cette thèse par une conclusion dans laquelle nous avons présenté d'abord brièvement un travail fait par J. Mallet-Paret [13] où il utilise une méthode de réduction qui consiste à faire une décomposition de Morse de l'attracteur maximal associé à l'équation différentielle à retard

$$\frac{dx}{dt} = f(x(t), x(t-1)) \tag{1.3.8}$$

15

et d'étudier la dynamique associée à cette équation dans chaque ensemble de Morse. Ensuite nous avons présenté brièvement aussi, un travail fait par H.O. Walther [25] dans lequel, en utilisant une projection sur une variété de dimension deux, il montre pour l'équation différentielle à retard

$$\frac{dx}{dt}(t) = -\beta x(t) + f(x(t-1)) \tag{1.3.9}$$

qu'il existe sur cette variété une courbe fermée, appartenant à l'espace des phases, et qui attire toutes les courbes de l'espace des phases de l'équation (1.3.9).

Pour terminer nous avons fait une étude comparative de ces deux méthodes de réduction avec la méthode de réduction de R.A. Smith.

Les travaux présentés ici ont donné lieu à des publications ou communications. Des notes historiques ont été placées à la fin de chaque chapitre.

Bibliographie

[1] O. ARINO and A.A. CHERIF, *More on ordinary differential equations which yield periodic solutions of delay differential equations*, J. Math. Anal. Appl. **180**. (1993), pp 361-385.

[2] O. ARINO and A. BERBOUCHA, *Estimation sur des solutions globales d'équations différentielles ordinaires*, Maghreb Mathematical Review Volume **11** N°1 (2002), pp 1-13.

[3] O. ARINO and A. BERBOUCHA, *Une généralisation du théorème de Cartwright,* Bulletin of the Belgian Mathematical Society - Simon Stevin **10** (2003), pp 65-75.

[4] I. BENDIXSON, *Sur les courbes définies par des équations différentielles*, Acta Math. **24** (1901), pp 1-88.

[5] A. BERBOUCHA et O. ARINO, *Existence de solutions périodiques orbitalement stables pour un système dans* $\mathbb{R}^3$, Actes des IVème journées Zaragoza-Pau de mathématiques appliquées, publications de l'Université de Pau, ISBN: 2-908930-38-2 (1997), pp 89-95.

[6] A. BERBOUCHA and M.S. MOULAY, *Existence of orbitally stable periodic solutions for a delay differential equation,* Far East Journal of Mathematical Sciences, Volume **15** N°**3** (2004), pp 307-317.

[7] J. BLOT, *Une approche variationnelle des orbites quasi-périodiques des systèmes Hamiltoniens*, Ann. sc. math. Quebec, (2) **13** (1989), pp 7-32.

[8] M.L. CARTWRIGHT, *Almost-periodic flows and solutions of differential equations*, Proc. London Math .Soc. (3) **17** (1967), pp 355-380.

[9] H. DULAC, *Recherche des cycles limites*, C. R. Acad. Sci. Paris **204** (1937), pp 1703-1706.

[10] J.K. HALE, *Theory of functional differential equations*, Springer, N.Y. 1977.

[11] Y. LI and J.S. MULDOWNEY, *On Bendixson's criterion*, J. Differential Equations, **106** (1993), pp 27-39.

[12] J. MALLET-PARET, *Negatively invariant sets of compact maps and an extension of a theorem of Cartwright*, J. Differential Equations **22** (1976), pp 331-348.

[13] J. MALLET-PARET, *Morse decompositions for delay-differential equations*, J. Differential Equations **72** (1988), pp 270-315.

[14] M.S. MOULAY et A. BERBOUCHA, *Non-existence de solutions périodiques pour une équation différentielle dans $\mathbb{R}^3$*, Communication présentée à la troisième Rencontre Internationale d'Analyse Mathématique et ses Applications (RAMA3 Internationale) tenue à l'Université A. MIRA-Béjaïa du 21 au 23 Mai 2002.

[15] R.A. SMITH, *The Poincaré-Bendixson theorem for certain differential equations of higher order*, Proc. Roy. Soc. Edinburgh Sect A, **83** (1979), pp 63-79.

[16] R.A. SMITH, *Existence of periodic orbits of autonomous ordinary differential equations*, Proc. Roy. Soc. Edinburgh Sect. A. **85** (1980), pp 153-172.

[17] R.A. SMITH, *An index theorem and Bendixson's negative criterion for certain differential equations of higher dimension*, Proc. Roy. Soc. Edinburgh Sec. A, **91** (1981), pp 63-77.

[18] R.A. SMITH, *Poincaré index theorem concerning periodic orbits of differential equations*, Proc. London Math. Soc. (3). **48** (1984), pp 341-362.

[19] R.A. SMITH, *Certain differential equations have only isolated periodic orbits*, Ann. Mat. Pura Appl. **137** (1984), pp 217-244.

BIBLIOGRAPHIE

[20] R.A. SMITH, *Massera's convergence theorem for periodic nonlinear differential equations*, J. Math. Anal. Appl. **120** (1986), pp 679-708.

[21] R.A. SMITH, *Some applications of Hausdorff dimension inequalities for ordinary differential equations*, Proc. Roy. Soc. Edinburgh Sect. A **104** (1986), pp 235-259.

[22] R A. SMITH, *Orbital stability for ordinary differential equations*, J. Differential Equations, **69** (1987), pp 265-287.

[23] R.A. SMITH, *Convergence theorems for periodic retarded functional differential equations*, Proc. London Math. Soc. (3) **60** (1990), pp 581-608.

[24] R.A. SMITH, *Poincaré-Bendixson theory for certain retarded functional differential equations*, Differential and Integral Equations, Vol. 5, Number **1** (1992), pp 213-240.

[25] H.O. WALTHER, *An invariant manifold of slowly oscillating solutions for*

$x'(t) = -\mu x(t) + f(x(t-1))$, J. Reine Angew. Math. **414** (1991), pp 67-112.

Partie I

SUR LES EQUATIONS DIFFERENTIELLES ORDINAIRES.

2

EXISTENCE DE SOLUTIONS PERIODIQUES ORBITALEMENT STABLES POUR UN SYSTEME ORDINAIRE DANS $\mathbb{R}^3$.

EXISTENCE DE SOLUTIONS PERIODIQUES ORBITALEMENT STABLES POUR UN SYSTEME ORDINAIRE DANS $\mathbb{R}^3$.

Résumé : Dans ce chapitre, nous considérons un système différentiel ordinaire dans $\mathbb{R}^3$. Dans ce système il y a un paramètre α. Pour certaines valeurs de ce paramètre, nous montrons, en utilisant une méthode de réduction due à R.A. Smith, que ce système admet au moins une solution périodique orbitalement stable.

2.1 INTRODUCTION.

De nombreux résultats existent concernant la mise en évidence de solutions périodiques pour les équations différentielles ordinaires en dimension un ou deux, le théorème de Poincaré-Bendixson, le théorème de convergence de Massera [2], entre autres. De nombreux auteurs se sont intéressés à la possibilité de généraliser ces résultats à une dimension supérieure. C'est ainsi que Schwartz [4] a généralisé le théorème de Poincaré-Bendixson à une équation différentielle sur une variété compacte de dimension deux. R.A. Smith [5, 6, 7, 8, 9], en introduisant une hypothèse supplémentaire qui lui permet de construire une projection sur des sous-espaces de dimension un ou deux, a généralisé plusieurs résultats, notamment le théorème de Poincaré-Bendixson, le théorème de convergence de Massera [2], ainsi que des résultats sur l'existence de solutions périodiques pour des classes d'équations différentielles en dimension supérieure [5, 6, 7, 8]. Dans ce chapitre, nous allons appliquer certains de ces résultats théoriques pour montrer l'existence d'au moins une solution périodique orbitalement stable pour un système ordinaire et autonome dans $\mathbb{R}^3$.

2.2 POSITION DU PROBLEME ET RESULTAT PRINCIPAL.

Pour montrer l'existence de solutions périodiques pour l'équation différentielle fonctionnelle
$$\frac{dx}{dt} = -\alpha x(t) - f(x(t - \frac{T}{3})) \qquad (2.2.1)$$
où α est un paramètre réel et T désigne la période de la solution x, Arino et Chérif [1] ont associé à cette équation le système ordinaire suivant :
$$\frac{dx}{dt} = -\alpha x - F(x) \qquad (2.2.2)$$

où α est un paramètre réel, $x = \begin{pmatrix} x_1 \\ x_2 \\ x_3 \end{pmatrix} \in \mathbb{R}^3$ et $F(x) = \begin{pmatrix} f(x_2) \\ f(x_3) \\ f(x_1) \end{pmatrix}$.

La démonstration faite dans [1] repose sur la construction d'un opérateur Π de Poincaré pour le système (2.2.2), ses points fixes sont des données initiales de solutions périodiques de ce système. Pour le système (2.2.2) le résultat montré dans [1] est le suivant :

Théorème 2.2.1 *Considérons le système ordinaire (2.2.2).*
$$\frac{dx}{dt} = -\alpha x - F(x)$$

où α est un paramètre réel, $x = \begin{pmatrix} x_1 \\ x_2 \\ x_3 \end{pmatrix} \in \mathbb{R}^3, F(x) = \begin{pmatrix} f(x_2) \\ f(x_3) \\ f(x_1) \end{pmatrix}$.

Nous supposons que f est une fonction impaire, monotone croissante sur $\mathbb{R}^+$, différentiable et telle que $f'(0) = 1, xf(x) > 0$ pour $x \neq 0$. Nous supposons de plus que pour tout $a > 0$, il existe $R > 0$ tel que $f(R) \leq aR$.

Alors pour tout $\alpha \in \left]0, \frac{1}{2}\right[$, il existe un point fixe non trivial de l'opérateur de Poincaré Π, qui est la donnée initiale d'une solution périodique du système (2.2.2).

En appliquant un résultat que R.A. Smith a obtenu grâce à la méthode de réduction que nous avons exposée au chapitre 1, nous montrons sous certaines hypothèses que le système (2.2.2) admet au moins une solution périodique orbitalement stable. Nous démontrerons principalement le théorème suivant :

Théorème 2.2.2 *On suppose vérifiées les hypothèses suivantes :*
1) $\alpha \in]\frac{1}{4}, \frac{1}{2}[$;
2) $f \in \mathcal{C}^1(\mathbb{R}), f'(0) = 1$ *et* $\dfrac{1}{2} < f'(x) < \dfrac{3}{2}$ $\forall x \in \mathbb{R}$;
3) $\displaystyle\lim_{x \to \infty} \dfrac{\frac{x}{2} - f(x)}{x} = 0.$
Alors, l'équation (2.2.2) admet au moins une solution périodique orbitalement stable.

2.3 BREF EXPOSE D'UN RESULTAT DE R.A. SMITH.

Considérons l'équation différentielle autonome

$$\frac{dx}{dt} = f(x) \qquad (2.3.1)$$

où $f : \mathcal{S} \to \mathbb{R}^n$ est localement lipschitzienne sur un ouvert $\mathcal{S}$ de $\mathbb{R}^n$. On suppose que l'équation (2.3.1) satisfait les deux hypothèses suivantes :

($\mathbf{H}_2^1$) Il existe des constantes positives λ, ε et une matrice P de type $n \times n$, constante, réelle, symétrique et non singulière, avec 2 valeurs propres négatives et $n - 2$ valeurs propres positives telle que :

$$(x - y)^* P\left[f(x) - f(y) + \lambda(x - y)\right] \leq -\varepsilon \left|x - y\right|^2, \forall x, y \in \mathcal{S}.$$

où $(x - y)^*$ est le vecteur transposé de $(x - y)$ et $|.|$ la norme euclidienne.

Cette hypothèse est un cas particulier de l'hypothèse ($\mathbf{H}_1^1$), ici on a $j = 2$.

($\mathbf{H}_2^2$) Il existe un sous-ensemble ouvert et borné D de $\mathbb{R}^n$, positivement invariant avec fermeture $\overline{D} \subset \mathcal{S}$ tel que sa frontière ∂D entoure toute orbite de (2.3.1) qui la rencontre.

Cette dernière hypothèse signifie que si x est une solution de (2.3.1) telle que $x(t_0) \in \partial D$ alors $x(t) \in \overline{D}$ pour tout $t > t_0$ et il existe $t_1 > t_0$ tel que $x(t) \in D$ pour tout $t > t_1$. En particulier si $\mathcal{S} = \mathbb{R}^n$ et l'équation (2.3.1) est dissipative alors l'hypothèse ($\mathbf{H}_2^2$) est vérifiée.

Définition 2.3.1 *On dit que l'équation (2.3.1) est dissipative s'il existe une constante $b > 0$ et une fonction $\tau : (0, \infty) \to (0, \infty)$ telle que toute solution x de (2.3.1) qui vérifie $|x(t_0)| \leq \rho$ existe pour $t_0 \leq t < \infty$ et vérifie $|x(t)| < b$ pour $t > t_0 + \tau(\rho)$.*

Si on choisit $\rho > b$ et on prend pour D, la réunion de toutes les semi-orbites qui au temps t_0 sont dans la boule $|x| < \rho$ alors D est un ouvert borné satisfaisant l'hypothèse ($\mathbf{H}_2^2$).

Théorème 2.3.1 (*voir [9]*) *Supposons que l'équation (2.3.1) satisfait les hypothèses ($\mathbf{H}_2^1$) et ($\mathbf{H}_2^2$) et D contient un seul point critique k. Supposons de plus que f soit continûment différentiable dans un voisinage de k avec $Rez_2 > 0 > Rez_3$ où $z_1, z_2, ..., z_n$ sont les valeurs propres de la matrice jacobienne de f au point k rangées dans l'ordre : $Rez_1 \geq Rez_2 \geq ... \geq Rez_n$. Alors toute semi-orbite dans D converge soit vers k soit vers une trajectoire fermée quand $t \to +\infty$ et D contient au moins une trajectoire fermée qui soit orbitalement stable. Si de plus f est analytique dans S alors D contient seulement un nombre fini de trajectoires fermées et au moins une d'elles est asymptotiquement orbitalement stable.*

2.4 CONDITIONS SUFFISANTES POUR QUE LES HYPOTHESES ($\mathbf{H}_2^1$) et ($\mathbf{H}_2^2$) SOIENT VERIFIEES.

Soit l'équation
$$\frac{dx}{dt} = Ax + B\Phi(Cx) \tag{2.4.1}$$
où A, B et C sont des matrices réelles et constantes de type $n \times n, n \times r, s \times n$, respectivement et Φ une fonction continue de $\mathbb{R}^s$ dans $\mathbb{R}^r$. Si $\mathcal{S} \subset \mathbb{R}^n$ et $C\mathcal{S} = \{Cx : x \in \mathcal{S}\}$ alors $C\mathcal{S} \subset \mathbb{R}^s$. On suppose qu'il existe une constante $\Lambda(C\mathcal{S}) \geq 0$ telle que :

$$|\Phi(\xi_1) - \Phi(\xi_2)| \leq \Lambda(C\mathcal{S}) |\xi_1 - \xi_2| \;\; \forall \xi_1, \xi_2 \in C\mathcal{S}. \tag{2.4.2}$$

La matrice de type $r \times s$
$$\chi(z) = C(zI - A)^{-1}B$$

et appelée la matrice de transfert de (2.4.1), elle est définie pour tout complexe z tel que $\det(zI - A) \neq 0$. Si A n'a pas de valeur propre z telle que $Rez = -\lambda$, alors on peut définir

$$\mu(\lambda) = \sup_{\omega \in \mathbb{R}} |\chi(i\omega - \lambda)|.$$

Le lemme suivant est un cas particulier du théorème 10 de [8] et du lemme 1 du chapitre1.

Lemme 2.4.1 *Supposons que la matrice A ait 2 valeurs propres z qui vérifient
$Rez > -\lambda$ et $n - 2$ valeurs propres z telles que $Rez < -\lambda$. Si (2.4.2) est vérifiée avec $\Lambda(CS) < \mu(\lambda)^{-1}$ alors il existe une constante $\varepsilon > 0$ et une matrice P, de type $n \times n$, constante, réelle, symétrique et non singulière telle que ($\mathbf{H}_2^1$) soit vérifiée avec $f(x) = Ax + B\Phi(Cx)$.*

Remarque 2.4.1 *L'équation (2.3.1) peut s'écrire sous la forme de l'équation (2.4.1) en posant*

$$\Phi(y) = B^{-1}\left[f(C^{-1}y) - AC^{-1}y\right]$$

où A, B et C sont des matrices arbitraires de type $n \times n$.

Pour vérifier l'hypothèse ($\mathbf{H}_2^2$), Pliss [3] nous donne une condition suffisante pour que l'équation (2.4.1) soit dissipative.

Proposition 2.4.1 *Une condition suffisante pour que l'équation (2.4.1) soit dissipative est qu'il existe une matrice constante L de type $r \times s$ telle que :*

$$|\xi|^{-1}\left[\Phi(\xi) - L\xi\right] \to 0, \quad \text{quand } |\xi| \to \infty \qquad (2.4.3)$$

et $Rez < 0$ pour toutes les valeurs propres z de la matrice $A + BLC$.

2.5 PREUVE DU THEOREME 2.2.2.

Pour démontrer le théorème 2.2.2, nous allons vérifier qu'avec les hypothèses qu'on a, l'équation (2.2.2) vérifie les hypothèses ($\mathbf{H}_2^1$) et ($\mathbf{H}_2^2$) et donc il suffira d'appliquer le théorème 2.3.1. Ecrivons d'abord l'équation (2.2.2)

2.5. PREUVE DU THEOREME 2.2.2.

sous la forme (2.4.1) en posant $A = J(0)$, $B = C = I_3$ où $J(0)$ est la matrice jacobienne du second membre de (2.3.1), prise en $x = 0$. On a donc

$$A = \begin{pmatrix} -\alpha & -1 & 0 \\ 0 & -\alpha & -1 \\ -1 & 0 & -\alpha \end{pmatrix}$$

et on obtient :

$$\Phi \begin{pmatrix} x_1 \\ x_2 \\ x_3 \end{pmatrix} = \begin{pmatrix} x_2 - f(x_2) \\ x_3 - f(x_3) \\ x_1 - f(x_1) \end{pmatrix}.$$

Lemme 2.5.1 *Avec $\lambda = \alpha > 0$; on a*

$$\mu(\lambda) = \sup_{\omega \in \mathbb{R}} |\chi(i\omega - \lambda)| = 2$$

et

$$\mu(\lambda)^{-1} = \frac{1}{2}.$$

Preuve : C'est un calcul de la norme spectrale (compatible avec la norme euclidienne de $\mathbb{R}^n$) de la matrice $[(i\omega - \lambda)I - A]^{-1}$ en posant $\lambda = \alpha$. En effet on a

$$(i\omega - \lambda)I - A = \begin{pmatrix} i\omega & 1 & 0 \\ 0 & i\omega & 1 \\ 1 & 0 & i\omega \end{pmatrix}$$

et

$$[(i\omega - \lambda)I - A]^{-1} = \frac{1}{1 - i\omega^3} \begin{pmatrix} -\omega^2 & -i\omega & 1 \\ 1 & -\omega^2 & -i\omega \\ -i\omega & 1 & -\omega^2 \end{pmatrix} = Q.$$

La norme de la matrice Q est la racine carré de la plus grande valeur propre de Q^*Q où Q^* est la matrice adjointe de Q. On cherche $\mu(\lambda) = \sup_{\omega \in \mathbb{R}} |Q|$.

$$Q^*Q = \frac{1}{1+\omega^6} \begin{pmatrix} \omega^4 + \omega^2 + 1 & -\omega^2 + i(\omega^3 + \omega) & -\omega^2 - i(\omega^3 + \omega) \\ -\omega^2 - i(\omega^3 + \omega) & \omega^4 + \omega^2 + 1 & -\omega^2 + i(\omega^3 + \omega) \\ -\omega^2 + i(\omega^3 + \omega) & -\omega^2 - i(\omega^3 + \omega) & \omega^4 + \omega^2 + 1 \end{pmatrix}$$

les valeurs propres de cette matrice sont :

$$\lambda_1 = \frac{\omega^4 - \omega^2 + 1}{1 + \omega^6}, \quad \lambda_2 = \frac{\omega^4 - \sqrt{3}\omega^3 + 2\omega^2 - \sqrt{3}\omega + 1}{1 + \omega^6},$$

$$\lambda_3 = \frac{\omega^4 + \sqrt{3}\omega^3 + 2\omega^2 + \sqrt{3}\omega + 1}{1 + \omega^6},$$

on a

$$\sup_{\omega \in \mathbb{R}} |\lambda_1(\omega)| = \lambda(0) = 1,$$

et

$$\sup_{\omega \in \mathbb{R}} |\lambda_2(\omega)| = \sup_{\omega \in \mathbb{R}} |\lambda_3(\omega)| = \lambda_2(-\frac{\sqrt{3}}{2}) = \lambda_3(\frac{\sqrt{3}}{2}) = 4$$

ce qui nous donne $\mu(\lambda) = \sqrt{4} = 2$, et $\mu(\lambda)^{-1} = \frac{1}{2}$. ∎

Lemme 2.5.2 *Pour que l'équation (2.2.2) écrite sous la forme (2.4.1) vérifie les hypothèses du lemme 2.4.1, il suffit que* $\frac{1}{2} < f'(x) < \frac{3}{2} \; \forall x \in \mathbb{R}$.

Preuve : Sous la forme (2.4.1) l'équation (2.2.2) s'écrit

$$\frac{dx}{dt} = Ax + \Phi(x)$$

avec

$$A = \begin{pmatrix} -\alpha & -1 & 0 \\ 0 & -\alpha & -1 \\ -1 & 0 & -\alpha \end{pmatrix}; \quad x = \begin{pmatrix} x_1 \\ x_2 \\ x_3 \end{pmatrix}; \quad \Phi(x) = \begin{pmatrix} x_2 - f(x_2) \\ x_3 - f(x_3) \\ x_1 - f(x_1) \end{pmatrix}$$

comme $\Phi \in \mathcal{C}^1(\mathbb{R}^3)$, il suffit d'avoir $|\Phi'(x)| \leq \Lambda(\mathbb{R}^3)$ pour que (2.4.2) soit vérifiée, où $\Phi'(x)$ désigne la jacobienne de Φ en x.

$$\Phi'(x) = \begin{pmatrix} 0 & 1 - f'(x_2) & 0 \\ 0 & 0 & 1 - f'(x_3) \\ 1 - f'(x_1) & 0 & 0 \end{pmatrix}$$

et

$$|\Phi'(x)| = \sup_{i=1,2,3} |1 - f'(x_i)|$$

en prenant $\Lambda(\mathbb{R}^3) = \sup_{x \in \mathbb{R}} |1 - f'(x)| < \mu(\lambda)^{-1}$ on doit avoir

$$|1 - f'(x)| < \frac{1}{2}$$

et donc
$$\frac{1}{2} < f'(x) < \frac{3}{2} \quad \forall x \in \mathbb{R}.$$

Les valeurs propres de la matrice A sont

$$\lambda_1 = -\alpha + \frac{1}{2} + \frac{i\sqrt{3}}{2} \;,\; \lambda_2 = -\alpha + \frac{1}{2} - \frac{i\sqrt{3}}{2} \;,\; \lambda_3 = -\alpha - 1.$$

Avec $\lambda = \alpha$ la matrice A admet deux valeurs propres λ_1 et λ_2 avec $Re\lambda_i > -\lambda$ et une valeur propre λ_3 telle que $Re\lambda_3 < -\lambda$. ∎

Lemme 2.5.3 *Pour que l'équation (2.2.2) soit dissipative, il suffit d'avoir* $\lim_{x \to \infty} \frac{\frac{x}{2} - f(x)}{x} = 0.$

Preuve : C'est une conséquence immédiate de la proposition 2.4.1, en posant

$$L = \begin{pmatrix} 0 & \frac{1}{2} & 0 \\ 0 & 0 & \frac{1}{2} \\ \frac{1}{2} & 0 & 0 \end{pmatrix}.$$

En effet on a

$$\Phi(x) - Lx = \begin{pmatrix} x_2 - f(x_2) \\ x_3 - f(x_3) \\ x_1 - f(x_1) \end{pmatrix} - \begin{pmatrix} \frac{x_2}{2} \\ \frac{x_3}{2} \\ \frac{x_1}{2} \end{pmatrix} = \begin{pmatrix} \frac{x_2}{2} - f(x_2) \\ \frac{x_3}{2} - f(x_3) \\ \frac{x_1}{2} - f(x_1) \end{pmatrix}$$

et

$$\lim_{|x| \to \infty} |x|^{-1} [\Phi(x) - Lx] = 0 \Leftrightarrow \lim_{x \to \infty} \frac{\frac{x}{2} - f(x)}{x} = 0.$$

De plus les valeurs propres de $A + BLC$ sont les valeurs propres de

$$A + L = \begin{pmatrix} -\alpha & -\frac{1}{2} & 0 \\ 0 & -\alpha & -\frac{1}{2} \\ -\frac{1}{2} & 0 & -\alpha \end{pmatrix},$$

qui sont

$$\lambda_1 = -\alpha - \frac{1}{2} \; ; \; \lambda_2 = -\alpha + \frac{1}{4} + i\frac{\sqrt{3}}{4} \; ; \; \lambda_3 = -\alpha + \frac{1}{4} - i\frac{\sqrt{3}}{4}.$$

Pour avoir $Re\lambda_i < 0 \; \forall i = 1, 2, 3$ on doit avoir $\alpha > \frac{1}{4}$. ∎

Des lemmes 2.5.1, 2.5.2 et 2.5.3 on déduit que sous les hypothèses du théorème 2.2.2 l'équation (2.2.2), vérifie les hypothèses ($\mathbf{H}_2^1$) et ($\mathbf{H}_2^2$).

Pour terminer la démonstration du théorème 2.2.2, il suffit de vérifier que l'ensemble D pour lequel on vérifie l'hypothèse ($\mathbf{H}_2^2$), contient un seul point critique k et que la matrice jacobienne de $-\alpha x - F(x)$ au point k a ses valeurs propres telles que, $Rez_1 \geq Rez_2 > 0 > Rez_3$. Pour cela, observons d'abord que l'équation (2.2.2) n'admet comme point critique que le point 0 et que la matrice jacobienne de $-\alpha x - F(x)$ en ce point est précisément la matrice A dont les valeurs propres sont telles que, $Re\lambda_1 = Re\lambda_2 = -\alpha + \frac{1}{2} > 0$ si $\alpha < \frac{1}{2}$, et $Re\lambda_3 = -\alpha - 1 < 0$.

Si on prend $\rho > b$ et D l'ensemble de toutes les semi-orbites qui à un temps t_0 sont dans la boule $|x| < \rho$ alors D vérifie l'hypothèse ($\mathbf{H}_2^2$) et $0 \in D$. Ainsi toutes les hypothèses du théorème 2.3.1 sont vérifiées et donc l'équation (2.2.2) admet au moins une solution périodique orbitalement stable. Ceci achève la démonstration du théorème 2.2.2.

Remarque 2.5.1 *Le résultat obtenu par Arino et Cherif dans [1] affirme l'existence de solutions périodiques pour des valeurs du paramètre α appartenant à un intervalle contenant celui pour lequel on affirme dans le théorème 2.2.2 l'existence de solutions périodiques orbitalement stables, la nounauté dans notre travail est la stabilité orbitale, question non abordée par O. Arino et A.A. Cherif.*

Note historique : Lorsqu'on a commencé à travailler sur la méthode de réduction de R.A. Smith, notre premier souci était de voir ce que cela pouvait donner sur un exemple. Cette nouvelle méthode de réduction nous a surtout intéressé par son caractère global, contrairement à d'autres méthodes, comme celle de la variété centre, qui sont d'un caractère local. Nous avons alors considéré le système (2.2.2). Le choix de ce système nous a été dicté par le fait que des résultats, concernant l'existence de solutions périodiques, sont déjà prouvés par O. Arino et A.A. Cherif [1], par une méthode directe. Nous avons, en utilisant la méthode de réduction de R.A. Smith, obtenu les résultats exposés dans ce chapitre 2.

Bibliographie

[1] O. ARINO and A.A. CHERIF, *More on ordinary differential equations which yield periodic solutions of delay differential equations*, J. Math. Anal. Appl. **180**. (1993), pp 361-385.

[2] J.L. MASSERA, *The existence of periodic solutions of systems of differential equations*, Duke Math. J. **17** (1950), pp 457-475.

[3] V.A. PLISS, *Nonlocal problems of the theory of oscillation*, Academic press, New York, 1966.

[4] A.J. SCHWARTZ, *A generalisation of a Poincaré-Bendixson theorem to closed two-dimentional manifolds*, Amer. J. Math. **85** (1963), pp 453-458.

[5] R.A. SMITH, *The Poincaré-Bendixson theorem for certain differential equations of higher order*, Proc. Roy. Soc. Edinburgh Sect A, **83** (1979), pp 63-79.

[6] R.A. SMITH, *Existence of periodic orbits of autonomous ordinary differential equations*, Proc. Roy. Soc. Edinburgh Sect. A. **85** (1980), pp 153-172.

[7] R.A. SMITH, *Poincaré index theorem concerning periodic orbits of differential equations*, Proc. London Math. Soc. (3). **48** (1984), pp 341-362.

[8] R.A. SMITH, *Massera's convergence theorem for periodic nonlinear differential equations*, J. Math. Anal. Appl. **120** (1986), pp 679-708.

[9] R A. SMITH, *Orbital stability for ordinary differential equations*, J. Differential Equations, **69** (1987), pp 265-287.

3

NON-EXISTENCE DE SOLUTIONS PERIODIQUES POUR UN SYSTEME DANS $\mathbb{R}^3$.

NON-EXISTENCE DE SOLUTIONS PERIODIQUES POUR UN SYSTEME DANS $\mathbb{R}^3$.

Résumé : Nous considérons une équation différentielle ordinaire dans $\mathbb{R}^3$ dépendant d'un paramètre α. Pour certaines valeurs de ce paramètre O. Arino et A.A. Cherif [1] ont montré l'existence de solutions périodiques ; puis A. Berboucha et O. Arino [3] ont montré l'existence de solutions périodiques orbitalement stables pour certaines valeurs du paramètre α. Dans ce chapitre nous allons montrer que pour certaines valeurs de ce paramètre, cette équation ne peut pas admettre de solutions périodiques non triviales.

3.1 INTRODUCTION.

On considère le système d'équations différentielles

$$\begin{cases} \dfrac{dx}{dt} = -\alpha x - f(y) \\ \dfrac{dy}{dt} = -\alpha y - f(z) \\ \dfrac{dz}{dt} = -\alpha z - f(x). \end{cases} \quad (3.1.1)$$

Ce système modélise des phénomènes de réactions chimiques. O. Arino et A.A. Cherif [1], l'ont utilisé pour montrer l'existence de solutions périodiques pour une équation différentielle à retard. Pour le système (3.1.1) O. Arino et A.A. Cherif [1] ont montré entre autres le théorème suivant :

Théorème 3.1.1 *(voir [1]) Considérons le système* (3.1.1), *où* α *est un paramètre réel. Nous supposons que* f *est une fonction impaire, monotone croissante sur* $\mathbb{R}^+$, *différentiable et telle que* $f'(0) = 1$; $xf(x) > 0$ *pour* $x \neq 0$.

Nous supposons de plus que pour tout $a > 0$ *il existe* $R > 0$ *tel que* $f(R) \leqslant aR$.

Alors pour tout $\alpha \in \left]0, \dfrac{1}{2}\right[$ *il existe au moins un point fixe non trivial de l'opérateur de Poincaré défini dans...*

Un tel point fixe est la donnée initiale d'une solution périodique du système (3.1.1).

N.B L'opérateur de Poincaré est défini dans la section 1 de [1].

A. Berboucha et O. Arino [3] ont repris ce système. Moyennant une technique de réduction due à R.A. Smith (voir [7, 5] ou le chapitre 1), ils ont montré le théorème suivant:

Théorème 3.1.2 *(voir [3]) Considérons le système* (3.1.1) *et supposons les hypothèses suivantes vérifiées*

1) $\alpha \in \,]\frac{1}{4},\frac{1}{2}[$;

2) $f \in \mathcal{C}^1(\mathbb{R})$; $f'(0) = 1$ *et* $\forall x \in \mathbb{R}$, $\dfrac{1}{2} < f'(x) < \dfrac{3}{2}$;

3) $\displaystyle\lim_{x \to \infty} \dfrac{\frac{x}{2} - f(x)}{x} = 0.$

Alors le système (3.1.1) *admet au moins une solution périodique orbitalement stable.*

3.2 NON-EXISTENCE DE SOLUTIONS PERIODIQUES.

Grâce à sa technique de réduction R.A. Smith [7] a pu généraliser le théorème de Bendixson, de non existence de solution périodiques non triviale à des systèmes d'ordre $n > 2$ (voir théorème 4 dans [7]). Y. Li et J.S. Muldowney [5] ont pu en utilisant d'autres techniques prouver un résultat qui englobe celui de R.A. Smith, ils ont montré le théorème suivant :

3.2. NON-EXISTENCE DE SOLUTIONS PERIODIQUES.

Théorème 3.2.1 *(voir [5]) Si l'une quelconque des conditions suivantes est vérifiée sur $\mathbb{R}^n$, il ne peut exister d'arc fermé rectifiable pour l'équation*

$$\frac{dx}{dt} = f(x) \quad \text{où} \quad x \in \mathbb{R}^n.$$

$(i) \sup \left\{ \dfrac{\partial f_r}{\partial x_r} + \dfrac{\partial f_s}{\partial x_s} + \sum_{q \neq r,s} \left(\left| \dfrac{\partial f_q}{\partial x_r} \right| + \left| \dfrac{\partial f_q}{\partial x_s} \right| \right) : 1 \leq r < s \leq n \right\} < 0 \;$;

$(ii) \sup \left\{ \dfrac{\partial f_r}{\partial x_r} + \dfrac{\partial f_s}{\partial x_s} + \sum_{q \neq r,s} \left(\left| \dfrac{\partial f_r}{\partial x_q} \right| + \left| \dfrac{\partial f_s}{\partial x_q} \right| \right) : 1 \leq r < s \leq n \right\} < 0 \;$;

$(iii) \lambda_1 + \lambda_2 < 0 \;$;

$(iv) \inf \left\{ \dfrac{\partial f_r}{\partial x_r} + \dfrac{\partial f_s}{\partial x_s} + \sum_{q \neq r,s} \left(\left| \dfrac{\partial f_q}{\partial x_r} \right| + \left| \dfrac{\partial f_q}{\partial x_s} \right| \right) : 1 \leq r < s \leq n \right\} > 0 \;$;

$(v) \inf \left\{ \dfrac{\partial f_r}{\partial x_r} + \dfrac{\partial f_s}{\partial x_s} + \sum_{q \neq r,s} \left(\left| \dfrac{\partial f_r}{\partial x_q} \right| + \left| \dfrac{\partial f_s}{\partial x_q} \right| \right) : 1 \leq r < s \leq n \right\} > 0 \;$;

$(vi) \lambda_{n-1} + \lambda_n > 0 \;$;

où $\lambda_1 \geq \lambda_2 \geq ... \geq \lambda_n$ sont les valeurs propres de $\dfrac{1}{2} \left(\left(\dfrac{\partial f}{\partial x} \right)^* + \dfrac{\partial f}{\partial x} \right)$;

$\dfrac{\partial f}{\partial x}$ désigne la matrice jacobienne de f et $\left(\dfrac{\partial f}{\partial x} \right)^*$ sa transposée.

N.B $(i) \Leftrightarrow (ii) \Leftrightarrow (iii)$ et $(iv) \Leftrightarrow (v) \Leftrightarrow (vi)$.

La condition (iii) est la même que celle du théorème 4 dans [7].

En utilisant ce résultat nous montrons le théorème suivant :

Théorème 3.2.2 *Considérons le système (3.1.1) où α est un paramètre réel et $f \in \mathcal{C}^1(\mathbb{R})$. Si $|\alpha| > \sup\limits_{x \in \mathbb{R}} \dfrac{|f'(x)|}{2}$ alors le système (3.1.1) n'admet pas de solutions périodiques non triviales.*

Preuve : Le système (3.1.1) s'écrit

$$\begin{pmatrix} \frac{dx}{dt} \\ \frac{dy}{dt} \\ \frac{dz}{dt} \end{pmatrix} = \begin{pmatrix} -\alpha x - f(y) \\ -\alpha y - f(z) \\ -\alpha z - f(x) \end{pmatrix} = G(X) = \begin{pmatrix} g_1(x,y,z) \\ g_2(x,y,z) \\ g_3(x,y,z) \end{pmatrix}$$

la condition (i) du théorème 3.2.1 est équivalente à

$$\sup\left\{\frac{\partial g_1}{\partial x}+\frac{\partial g_2}{\partial y}+\left|\frac{\partial g_3}{\partial x}\right|+\left|\frac{\partial g_3}{\partial y}\right|:x,y\in\mathbb{R}\right\}<0$$

qui s'écrit

$$\sup_{x\in\mathbb{R}}\left\{-\alpha-\alpha+|-f'(x)|\right\}<0$$

ou encore

$$\sup_{x\in\mathbb{R}}|f'(x)|-2\alpha<0$$

c'est à dire

$$\alpha>\sup_{x\in\mathbb{R}}\frac{|f'(x)|}{2}.$$

La condition (iv) du théorème 3.2.1 est équivalente à

$$\inf\left\{\frac{\partial g_1}{\partial x}+\frac{\partial g_2}{\partial y}-\left|\frac{\partial g_3}{\partial x}\right|-\left|\frac{\partial g_3}{\partial y}\right|:x,y\in\mathbb{R}\right\}>0$$

qui s'écrit

$$\inf_{x\in\mathbb{R}}\left\{-\alpha-\alpha-|-f'(x)|\right\}>0$$

ou encore

$$\inf_{x\in\mathbb{R}}\left(-|f'(x)|\right)-2\alpha>0$$

c'est à dire

$$\alpha<-\sup_{x\in\mathbb{R}}\frac{|f'(x)|}{2}$$

d'où le résultat du théorème. ∎

Note historique : Apres l'obtention des résultats présentés dans le chapitre 2, on s'est posé la question de savoir, concernant l'existence de solutions périodiques, ce qu'il en est si $\alpha\notin]0,\frac{1}{2}[$. Parmi les méthodes pour montrer la non existence de solutions périodiques non triviales pour une équation différentielle ordinaire dans $\mathbb{R}^n$ $(n>2)$, il y a la méthode de R.A. Smith [6, 7] qui généralise les résultats de Bendixson [2] et de Dulac [4], et la méthode de Y. Li et J.S. Muldowney [5] qui généralise les résultats de R.A. Smith. Nous avons appliqué cette méthode au système (3.1.1), et nous avons obtenu les résultats présentés dans le chapitre 3.

Bibliographie

[1] O. ARINO and A.A. CHERIF, *More on ordinary differential equations which yield periodic solutions of delay differential equations*, J. Math. Anal. Appl. **180**. (1993), pp 361-385.

[2] I. BENDIXSON, *Sur les courbes définies par des équations différentielles*, Acta Math. **24** (1901), pp 1-88.

[3] A. BERBOUCHA et O. ARINO, *Existence de solutions périodiques orbitalement stables pour un système ordinaire dans* $\mathbb{R}^3$, Actes des IVème Journées Zaragoza-Pau de mathématiques appliquées, publications de l'Université de Pau, ISBN: 2-908930-38-2 (1997), pp 89-95.

[4] H. DULAC, *Recherche des cycles limites*, C. R. Acad. Sci. Paris **204** (1937), pp 1703-1706.

[5] Y. LI and J.S. MULDOWNEY, *On Bendixson's criterion*, J. Differential Equations, **106** (1993), pp 27-39.

[6] R.A. SMITH, *An index theorem and Bendixson's negative criterion for certain differential equations of higher dimension*, Proc. Roy. Soc. Edinburgh Sec. A, **91** (1981), pp 63-77.

[7] R.A. SMITH, *Some applications of Hausdorff dimension inequalities for ordinary differential equations*, Proc. Roy. Soc. Edinburgh sect A **104** (1986), pp 235-259.

[8] R.A. SMITH, *Orbital stability for ordinary differential equtions*, J. Differential Equations, **69** (1987), pp 265-287.

4

UNE ESTIMATION A PRIORI SUR DES SOLUTIONS D'UNE EQUATION DIFFERENTIELLE ORDINAIRE.

UNE ESTIMATION A PRIORI SUR DES SOLUTIONS D'UNE EQUATION DIFFERENTIELLE ORDINAIRE.

Résumé : On considère une équation différentielle ordinaire linéaire non homogène
$$\frac{dx(t)}{dt} = Ax(t) + f(t)$$
où A est une matrice de type $n \times n$, f une fonction continue de $\mathbb{R}$ dans $\mathbb{R}^n$. Pour un réel $\lambda \geq 0$, on suppose que A n'admet pas de valeur propre z telle que $\operatorname{Re} z = -\lambda$ et que $e^{\lambda t} f(t) \in L^2(\mathbb{R})$ et on montre que cette équation admet une unique solution x définie sur $\mathbb{R}$ telle que
$$e^{\lambda t} x(t) \in L^2(\mathbb{R}) \ et \lim_{t \to +\infty} e^{\lambda t} \|x(t)\| = \lim_{t \to -\infty} e^{\lambda t} \|x(t)\| = 0.$$

En utilisant ce résultat, on estime la différence en norme L^2 et en norme de la convergence uniforme entre deux solutions globales x et y d'une équation différentielle ordinaire, non linéaire, sur les variétés stables et instables d'une équation différentielle linéaire associée.

4.1 INTRODUCTION.

Lorsque l'on étudie une équation différentielle ordinaire et après avoir établi l'existence et l'unicité des solutions, il se pose le problème du comportement de celles-ci. Dans ce chapitre, nous donnons une estimation sur la norme de la différence entre deux solutions globales d'une équation différentielle ordinaire. Nous allons d'abord rappeler un théorème que R.A. Smith [3] a montré, en utilisant la méthode de réduction que nous avons présentée au chapitre 1 (cas des équations à retard) et duquel nous nous sommes inspirés.

Théorème 4.1.1 *(voir [3]) Supposons que l'équation (1.2.18) vérifie l'hypothèse* $\left(\boldsymbol{H}_1^2\right)$ *avec* $j \geq 0$ *et* $\lambda \geq 0$ *et satisfait (1.2.20) avec* $\Omega(\mathcal{CS}) < \mu(\lambda)^{-1}$. *Alors, il existe des constantes* k_1, k_2, k_3, k_4 *telles que :*

1) $\left[\int_\sigma^\tau e^{2\lambda t} \|x(t) - y(t)\|^2 dt\right]^{\frac{1}{2}} \leq k_1 e^{\lambda \sigma} \|x_\sigma - y_\sigma\| - k_2 e^{\lambda \tau} \|\Pi(x_\tau - y_\tau)\|$;

2) $\|x_\tau - y_\tau\| \leq k_3 \|x_\sigma - y_\sigma\| e^{\lambda(\sigma - \tau)} + k_4 \|\Pi(x_\tau - y_\tau)\|$;

(4.1.1)

pour tous les réels σ, τ *tels que* $\sigma < \tau$ *et toutes solutions* x *et* y *de* (1.2.18), *telles que* $x_t \in S$ *et* $y_t \in S$ *pour* $\sigma \leq t \leq \tau$.

Dans ce qui suit nous allons donner, pour les équations différentielles ordinaires une estimation de la norme de la différence entre deux solutions d'une même équation. Notre résultat ressemble, à première vue, à celui de R.A. Smith [3], mais en fait notre estimation est plus fine, ce qui apparaîtra en comparant les résultats du théorème 4.1.1 avec ceux que nous allons montrer.

4.2 RESULTAT PRINCIPAL.

On considère les équations différentielles

$$\frac{dx(t)}{dt} = Ax(t) + f(t) \tag{4.2.1}$$

et

$$\frac{dx(t)}{dt} = Ax(t) + B\Phi(t, Dx(t)) \tag{4.2.2}$$

où A, B, D sont des matrices constantes de types $n \times n$, $n \times r$, $s \times n$ respectivement, $\Phi(t, y)$ est une fonction continue de $\mathbb{R} \times \mathbb{R}^s$ dans $\mathbb{R}^n$ et f est une fonction continue de $\mathbb{R}$ dans $\mathbb{R}^n$. L'équation (4.2.2) qui est écrite sous forme "contrôle par rétroaction" est d'une nature très générale puisque toute équation

$$\frac{dx(t)}{dt} = g(t, x(t)) \tag{4.2.3}$$

peut être réécrite sous la forme (4.2.2) en posant

$$\Phi(t, y) = B^{-1} \left[g(t, D^{-1}y) - AD^{-1}y\right] \tag{4.2.4}$$

avec des matrices arbitraires A, B, D de type $n \times n$.

On suppose vérifiées les conditions d'existence et d'unicité des solutions pour les équations (4.2.1) et (4.2.2) et on fait les hypothèses suivantes :

($\mathbf{H}_4^1$) pour un paramètre $\lambda \geq 0$ fixé, A n'admet pas de valeur propre z telle que $Rez = -\lambda$.

($\mathbf{H}_4^2$) A admet j valeurs propres z telles que $Rez > -\lambda$ et $n-j$ valeurs propres z telles que $Rez < -\lambda$, où $0 \leq j < n$.

La matrice de transfert de (4.2.2) est

$$\chi(z) = D(zI - A)^{-1}B \qquad (4.2.5)$$

elle est définie pour tout z tel que $\det(zI - A) \neq 0$.

Posons

$$\mu(\lambda) = \sup_{\omega \in \mathbb{R}} |\chi(i\omega - \lambda)|. \qquad (4.2.6)$$

($\mathbf{H}_4^3$) On suppose qu'il existe une constante Λ telle que :

$$\|\Phi(t, y_1) - \Phi(t, y_2)\| \leq \Lambda \|y_1 - y_2\| \qquad (4.2.7)$$

pour tout $t \in \mathbb{R}$ et tout $y_1, y_2 \in D\mathbb{R}^s$ et que $\Lambda < \mu(\lambda)^{-1}$.

On notera S_λ la plus grande variété invariante associée aux valeurs propres z de A telles que $Rez < -\lambda$ et U_λ la plus grande variété invariante associée aux valeurs propres z de A telles que $Rez > -\lambda$, on a $S_\lambda \oplus U_\lambda = \mathbb{R}^n$ (voir [1] pp 151).

On notera Π^+ la projection linéaire de $\mathbb{R}^n$ sur U_λ et Π^- la projection linéaire de $\mathbb{R}^n$ sur S_λ. Notre but est de démontrer le théorème suivant :

Théorème 4.2.1 *Si l'équation différentielle (4.2.2) satisfait les hypothèses* $\left(\boldsymbol{H}_4^1\right)$, $\left(\boldsymbol{H}_4^2\right)$, $\left(\boldsymbol{H}_4^3\right)$ *et si* x *et* y *sont deux solutions de (4.2.2) définies sur* $[\sigma, \tau]$ *où* σ *et* τ *sont deux réels quelconques tels que* $\sigma < \tau$ *alors pour tout* $t \in [\sigma, \tau]$ *on a :*

1) $\left\|e^{\lambda t}(x(t) - y(t))\right\|_{L^2_{(\sigma,\tau)}} \leq$

$$\leq k_5 \left[e^{\lambda \sigma} \|\Pi^-(x(\sigma) - y(\sigma))\| + e^{\lambda \tau} \|\Pi^+(x(\tau) - y(\tau))\|\right] ;$$

2) $\|x(\tau) - y(\tau)\| \leq k_6 \left[e^{\lambda(\sigma-\tau)} \|\Pi^-(x(\sigma) - y(\sigma))\| + \|\Pi^+(x(\tau) - y(\tau))\|\right] ;$
$$(4.2.8)$$

où k_5 *et* k_6 *sont deux constantes positives.*

Pour la démonstration du théorème 4.2.1, nous avons besoin de démontrer d'abord quelques résultats qui font l'objet de la section suivante.

4.3 RESULTATS PRELIMINAIRES.

Lemme 4.3.1 *Si l'équation* (4.2.1) *vérifie l'hypothèse* $\left(\boldsymbol{H}_4^1\right)$ *et si* $e^{\lambda t}f(t) \in L^2(\mathbb{R})$, *alors elle admet une unique solution* x *définie sur* $\mathbb{R}$ *telle que*

$$e^{\lambda t}x(t) \in L^2(\mathbb{R}) \text{ et } \lim_{t \to +\infty} e^{\lambda t}\|x(t)\| = \lim_{t \to -\infty} e^{\lambda t}\|x(t)\| = 0.$$

Preuve : Dans un premier temps, on suppose $\lambda = 0$ ensuite on généralisera au cas $\lambda > 0$ quelconque. On notera $A^+ = A_{/U}$ et $A^- = A_{/S}$; de même, on notera $T^+(t) = e^{tA^+}$ le flot associé à A^+ et $T^-(t) = e^{tA^-}$ le flot associé à A^-.

Une solution x de (4.2.1) s'écrit (par rapport à la donnée initiale $x_0 = x(0)$)

$$x(t) = T(t)x(0) + \int_0^t T(t-s)f(s)ds \tag{4.3.1}$$

où $T(t) = e^{tA}$ est le flot associé à l'équation (4.2.1).
On a

$$\Pi^+(\frac{dx}{dt}) = \Pi^+(Ax) + \Pi^+f(t) = A^+\Pi^+x + \Pi^+f(t). \tag{4.3.2}$$

Or Π^+ ne dépend pas explicitement de t, donc $\Pi^+(\frac{dx}{dt}) = \frac{d}{dt}(\Pi^+x)$ d'où on obtient

$$\frac{d}{dt}(\Pi^+x(t)) = A^+\Pi^+x(t) + \Pi^+f(t) \tag{4.3.3}$$

dont la solution (par rapport à la donnée initiale $x_0 = x(0)$) s'écrit

$$\Pi^+x(t) = T^+(t)\Pi^+x(0) + \int_0^t T^+(t-s)\Pi^+f(s)ds \tag{4.3.4}$$

et puisque $T^+(t-s) = T^+(t)T^+(-s)$, on a

$$\Pi^+x(t) = T^+(t)\left[\Pi^+x(0) + \int_0^t T^+(-s)\Pi^+f(s)ds\right], \forall t \in \mathbb{R}. \tag{4.3.5}$$

Si on fait tendre t vers $+\infty$, on obtient $\Pi^+x(t) = 0$ puisque $\lim_{t \to +\infty} x(t) = 0$ et comme $\lim_{t \to +\infty} T^+(t) \neq 0$, on a nécessairement

$$\Pi^+x(0) = -\int_0^{+\infty} T^+(-s)\Pi^+f(s)ds \tag{4.3.6}$$

et donc

$$\Pi^+ x(t) = T^+(t)\left[-\int_0^{+\infty} T^+(-s)\Pi^+ f(s)ds + \int_0^t T^+(-s)\Pi^+ f(s)ds\right] =$$
$$= -T^+(t)\int_t^{+\infty} T^+(-s)\Pi^+ f(s)ds. \quad (4.3.7)$$

On a finalement

$$\Pi^+ x(t) = -\int_t^{+\infty} T^+(t-s)\Pi^+ f(s)ds \ , \quad \forall t \in \mathbb{R}. \quad (4.3.8)$$

De la même manière, on obtient

$$\frac{d}{dt}(\Pi^- x(t)) = A^- \Pi^- x(t) + \Pi^- f(t) \quad (4.3.9)$$

et

$$\Pi^- x(t) = T^-(t)\left[\Pi^- x(0) + \int_0^t T^-(-s)\Pi^- f(s)ds\right] \forall t \in \mathbb{R}. \quad (4.3.10)$$

Si on fait tendre t vers $-\infty$, on obtient $\Pi^- x(t) = 0$ et comme $\lim_{t\to-\infty} T^-(t) \neq 0$, on a nécessairement

$$\Pi^- x(0) = \int_{-\infty}^0 T^-(-s)\Pi^- f(s)ds \quad (4.3.11)$$

et donc

$$\Pi^- x(t) = \int_{-\infty}^t T^-(t-s)\Pi^- f(s)ds \ , \quad \forall t \in \mathbb{R}. \quad (4.3.12)$$

Comme on a $x(t) = \Pi^+ x(t) + \Pi^- x(t)$, la solution de (4.2.1) qui vérifie $\lim_{t\to\infty} x(t) = 0$ est unique à cause de l'unicité de la condition initiale $x(0) = \Pi^+ x(0) + \Pi^- x(0)$.

Montrons maintenant que cette solution x est bien dans $L^2(\mathbb{R})$. On a

$$\frac{dx(t)}{dt} = Ax(t) + f(t). \quad (4.3.13)$$

La transformée de Fourier de cette équation est

$$i\omega \hat{x}(\omega) = A\hat{x}(\omega) + \hat{f}(\omega). \quad (4.3.14)$$

Comme A n'admet pas de valeurs propres à partie réelle nulle, $(i\omega I - A)^{-1}$ existe et par conséquent on a $\widehat{x}(\omega) = (i\omega I - A)^{-1}\widehat{f}(\omega)$, de plus $f(t) \in L^2(\mathbb{R})$, donc d'après le théorème de Plancherel (voir [2] pp 179) $\widehat{f}(\omega) \in L^2(\mathbb{R})$ et comme $(i\omega I - A)^{-1}$ est bornée on a finalement $(i\omega I - A)^{-1}\widehat{f}(\omega) \in L^1(\mathbb{R}) \cap L^2(\mathbb{R})$ d'où $\widehat{x}(\omega) \in L^1(\mathbb{R}) \cap L^2(\mathbb{R})$ et par conséquent $x \in L^2(\mathbb{R})$ et est continue, d'après le théorème de Plancherel, ce qui termine la démonstration dans le cas $\lambda = 0$.

Passons à présent au cas où $\lambda > 0$.
Considérons l'équation

$$\frac{dy(t)}{dt} = (A + \lambda I)y(t) + e^{\lambda t}f(t). \tag{4.3.15}$$

En posant $B = A + \lambda I$ et $g(t) = e^{\lambda t}f(t)$, on se ramène à l'équation (4.2.1) et au cas $\lambda = 0$; d'où l'équation (4.3.15) admet une unique solution y dans $L^2(\mathbb{R})$ telle que $\lim\limits_{t\to\infty} \|y(t)\| = 0$.

Pour terminer la démonstration du lemme 4.3.1, il faut montrer que y est une solution de l'équation (4.3.15) si, et seulement si, elle s'écrit sous la forme $y(t) = e^{\lambda t}x(t)$ où x est une solution de l'équation (4.2.1).

i) Si x est solution de l'équation (4.2.1) posons $y(t) = e^{\lambda t}x(t)$ on obtient

$$\begin{aligned}\frac{dy(t)}{dt} &= \lambda e^{\lambda t}x(t) + e^{\lambda t}\frac{dx(t)}{dt} \\ &= \lambda e^{\lambda t}x(t) + e^{\lambda t}Ax(t) + e^{\lambda t}f(t) \\ &= (A + \lambda I)y(t) + e^{\lambda t}f(t),\end{aligned} \tag{4.3.16}$$

et donc $y : t \longmapsto y(t) = e^{\lambda t}x(t)$ est une solution de l'équation (4.3.15).

ii) Si y est une solution de l'équation (4.3.15) alors on a

$$\frac{dy(t)}{dt} = Ay(t) + \lambda y(t) + e^{\lambda t}f(t). \tag{4.3.17}$$

En posant $x(t) = e^{-\lambda t}y(t)$ on obtient

$$\begin{aligned}\frac{dx(t)}{dt} &= -\lambda e^{-\lambda t}y(t) + e^{-\lambda t}\frac{dy(t)}{dt} \\ &= -\lambda e^{-\lambda t}y(t) + e^{-\lambda t}\left[Ay(t) + \lambda y(t) + e^{\lambda t}f(t)\right] \\ &= Ax(t) + f(t)\end{aligned} \tag{4.3.18}$$

et donc x est une solution de l'équation (4.2.1). Finalement x est une solution de l'équation (4.2.1) si, et seulement si, $y : t \longmapsto y(t) = e^{\lambda t} x(t)$ est une solution de l'équation (4.3.15). Or, l'équation (4.3.15) admet une unique solution y dans $\mathbb{R}$ telle que $y \in L^2(\mathbb{R})$ et telle que $\lim\limits_{t \to +\infty} \|y(t)\| = \lim\limits_{t \to -\infty} \|y(t)\| = 0$, donc l'équation (4.2.1) admet une unique solution x dans $\mathbb{R}$ telle que

$$e^{\lambda t} \|x(t)\| \in L^2(\mathbb{R}) \quad \text{et} \quad \lim_{t \to +\infty} e^{\lambda t} \|x(t)\| = \lim_{t \to -\infty} e^{\lambda t} \|x(t)\| = 0. \qquad (4.3.19)$$

Corollaire 4.3.1 *Si f est à support compact (donc $f(t) = 0$ en dehors d'un segment $[\sigma, \tau]$) alors la solution donnée par le lemme 4.3.1 (avec $\lambda = 0$) est telle que*
$$\Pi^+ x(t) = 0 \quad \text{si } t \geq \tau$$
$$\Pi^- x(t) = 0 \quad \text{si } t \leq \sigma.$$

Preuve : On a
$$\Pi^+ x(t) = -\int_t^{+\infty} T^+(t-s) \Pi^+ f(s) ds.$$

Si on intègre sur $t \geq \tau$ on a $f(s) = 0$ et donc $\Pi^+ f(s) = 0$ et $\Pi^+ x(t) = 0$.
De même, on a
$$\Pi^- x(t) = \int_{-\infty}^t T^-(t-s) \Pi^- f(s) ds.$$

Si on intègre sur $t \leq \sigma$ on a $f(s) = 0$ et donc $\Pi^- f(s) = 0$ et $\Pi^- x(t) = 0$. ∎

Lemme 4.3.2 *Dans l'équation (4.2.1) on suppose f continue et $\lambda = 0$, alors il existe des constantes k_7, k_8, k_9, k_{10} et ε toutes positives, indépendantes de σ, τ et de f telles que pour tout $t \in [\sigma, \tau]$ on ait :*

1) $\left\|\Pi^- x(t)\right\| \leq k_7 e^{-\varepsilon(t-\sigma)} \left\|\Pi^- x(\sigma)\right\| + k_8 \int_\sigma^t e^{-\varepsilon(t-s)} \left\|\Pi^- f(s)\right\| ds$;

2) $\left\|\Pi^+ x(t)\right\| \leq k_9 e^{\varepsilon(t-\tau)} \left\|\Pi^+ x(\tau)\right\| + k_{10} \int_t^\tau e^{\varepsilon(t-s)} \left\|\Pi^+ f(s)\right\| ds$;

où x est une solution quelconque, définie sur $[\sigma, \tau]$, de l'équation (4.2.1).

Preuve : Si x est une solution de l'équation (4.2.1) sur $[\sigma, \tau]$ alors $\Pi^- x$ est une solution de l'équation (4.3.9) et donc

$$\Pi^- x(t) = T^-(t-\sigma)\Pi^- x(\sigma) + \int_\sigma^t T^-(t-s)\Pi^- f(s)ds, \qquad (4.3.20)$$

d'où

$$\left\|\Pi^- x(t)\right\| \leq \left\|T^-(t-\sigma)\right\| \left\|\Pi^- x(\sigma)\right\| + \int_\sigma^t \left\|T^-(t-s)\right\| \left\|\Pi^- f(s)\right\| ds.$$
$$(4.3.21)$$

Or, on a

$$\left\|T^-(t-\sigma)\right\| = \left\|e^{A^-(t-\sigma)}\right\| \leq k_7 \sup_i e^{\operatorname{Re}\lambda_i'(t-\sigma)}$$

(les λ_i' étant les valeurs propres z de A telles que $\operatorname{Re} z < 0$), en prenant $\varepsilon_1 = \inf_i \left|\operatorname{Re}\lambda_i'\right|$ on obtient,

$$\left\|T^-(t-\sigma)\right\| \leq k_7 e^{\varepsilon_1(t-\sigma)} \quad \text{et} \quad \left\|T^-(t-s)\right\| \leq k_8 e^{\varepsilon_1(t-s)}. \qquad (4.3.22)$$

De même si x est une solution de l'équation (4.2.1) sur $[\sigma, \tau]$ alors $\Pi^+ x$ est une solution de l'équation (4.3.3) et donc

$$\Pi^+ x(t) = T^+(t-\tau)\Pi^+ x(\tau) + \int_t^\tau T^+(t-s)\Pi^+ f(s)ds, \qquad (4.3.23)$$

d'où

$$\left\|\Pi^+ x(t)\right\| \leq \left\|T^+(t-\tau)\right\| \left\|\Pi^+ x(\tau)\right\| + \int_t^\tau \left\|T^+(t-s)\right\| \left\|\Pi^+ f(s)\right\| ds.$$
$$(4.3.24)$$

Or on a

$$\left\|T^+(t-\tau)\right\| = \left\|e^{A^+(t-\tau)}\right\| \le k_9 \sup_i e^{Re\lambda_i''(t-\tau)}$$

(les λ_i'' étant les valeurs propres z de A telles que $Rez > 0$), en prenant $\varepsilon_2 = \inf_i Re\lambda_i''$ on obtient

$$\left\|T^+(t-\tau)\right\| \le k_9 e^{\varepsilon_2(t-\tau)} \quad \text{et} \quad \left\|T^+(t-s)\right\| \le k_{10} e^{\varepsilon_2(t-s)}. \qquad (4.3.25)$$

Finalement, en posant $\varepsilon = \inf(\varepsilon_1, \varepsilon_2) > 0$, on obtient

1) $\left\|\Pi^- x(t)\right\| \le k_7 e^{-\varepsilon(t-\sigma)} \left\|\Pi^- x(\sigma)\right\| + k_8 \int_\sigma^t e^{-\varepsilon(t-s)} \left\|\Pi^- f(s)\right\| ds$;

2) $\left\|\Pi^+ x(t)\right\| \le k_9 e^{\varepsilon(t-\tau)} \left\|\Pi^+ x(\tau)\right\| + k_{10} \int_t^\tau e^{\varepsilon(t-s)} \left\|\Pi^+ f(s)\right\| ds.$ ∎

4.4 DEMONSTRATION DU THEOREME 4.2.1.

Dans un premier temps, on suppose $\lambda = 0$ et on pose

$$f(t) = \Phi(t, Dx(t)) , \; g(t) = \Phi(t, Dy(t)), t \in [\sigma, \tau].$$

Soient f^0 et g^0 les prolongements par 0 de f et g en dehors de $[\sigma, \tau]$. On note $\widetilde{x}$ et $\widetilde{y}$ les solutions données par le lemme 4.3.1 avec les seconds membres respectifs Bf^0 et Bg^0 ; $\widetilde{x} \in L^2(\mathbb{R})$ et $\lim_{t \to \infty} \|\widetilde{x}(t)\| = 0$, de même $\widetilde{y} \in L^2(\mathbb{R})$ et $\lim_{t \to \infty} \|\widetilde{y}(t)\| = 0$.

D'après le corollaire 4.3.1, on a

$$\begin{array}{ll} \Pi^- \widetilde{x}(\sigma) = 0, & \Pi^+ \widetilde{x}(\tau) = 0 ; \\ \Pi^- \widetilde{y}(\sigma) = 0, & \Pi^+ \widetilde{y}(\tau) = 0. \end{array} \qquad (4.4.1)$$

La fonction $t \longmapsto [(x(t) - y(t)) - (\widetilde{x}(t) - \widetilde{y}(t))]$ est une solution de l'équation

$$\frac{du(t)}{dt} = Au(t) \qquad (4.4.2)$$

où x et y sont deux solutions de l'équation (4.2.1). En posant $f(s) = 0$ dans le lemme 4.3.2 on obtient :

$$\|\Pi^- \left(x(t) - y(t)\right) - \Pi^- \left(\widetilde{x}(t) - \widetilde{y}(t)\right)\| \leq$$
$$\leq k_7 e^{-\varepsilon(t-\sigma)} \left[\|\Pi^- \left(x(\sigma) - y(\sigma)\right)\| - \|\Pi^- \left(\widetilde{x}(\sigma) - \widetilde{y}(\sigma)\right)\|\right] ;$$
(4.4.3)
$$\|\Pi^+ \left(x(t) - y(t)\right) - \Pi^+ \left(\widetilde{x}(t) - \widetilde{y}(t)\right)\| \leq$$
$$\leq k_9 e^{\varepsilon(t-\tau)} \left[\|\Pi^+ \left(x(\tau) - y(\tau)\right)\| - \|\Pi^+ \left(\widetilde{x}(\tau) - \widetilde{y}(\tau)\right)\|\right] ;$$

donc d'après (4.4.1) on a

$$\|\Pi^- \left(x(t) - y(t)\right) - \Pi^- \left(\widetilde{x}(t) - \widetilde{y}(t)\right)\| \leq k_7 e^{-\varepsilon(t-\sigma)} \|\Pi^- \left(x(\sigma) - y(\sigma)\right)\| ;$$

$$\|\Pi^+ \left(x(t) - y(t)\right) - \Pi^+ \left(\widetilde{x}(t) - \widetilde{y}(t)\right)\| \leq k_9 e^{\varepsilon(t-\tau)} \|\Pi^+ \left(x(\tau) - y(\tau)\right)\|.$$
(4.4.4)

En posant $f(t) = \Phi(t, Dx(t))$ et $g(t) = \Phi(t, Dy(t))$ on obtient, puisque Φ est lipschitzienne par rapport à la deuxième variable ;

$$\|f(t) - g(t)\| \leq \Lambda \|Dx(t) - Dy(t)\| \qquad (4.4.5)$$

d'où

$$\int_\sigma^\tau \|f(s) - g(s)\|^2 ds \leq \Lambda^2 \int_\sigma^\tau \|Dx(s) - Dy(s)\|^2 ds. \qquad (4.4.6)$$

En utilisant les inégalités (4.4.4) et le fait que $x(t) = \Pi^+ x(t) + \Pi^- x(t)$ on obtient

$$\int_\sigma^\tau \|(Dx(s) - Dy(s)) - (D\widetilde{x}(s) - D\widetilde{y}(s))\|^2 ds$$
$$\leq \|D\|^2 \left[\int_\sigma^\tau k_7^2 e^{-2\varepsilon(s-\sigma)} \|\Pi^- \left((x(\sigma) - y(\sigma))\right)\|^2 ds + \right.$$
$$\left. + \int_\sigma^\tau k_9^2 e^{2\varepsilon(s-\tau)} \|\Pi^+ \left((x(\tau) - y(\tau))\right)\|^2 ds \right]$$
(4.4.7)

c'est-à-dire

$$\|D\left[(x(t) - y(t)) - (\widetilde{x}(t) - \widetilde{y}(t))\right]\|_{L^2_{[\sigma,\tau]}}^2 \leq$$
$$\leq k_{11}^2 \|\Pi^- \left(x(\sigma) - y(\sigma)\right)\|^2 + \|\Pi^+ \left(x(\tau) - y(\tau)\right)\|^2. \qquad (4.4.8)$$

Etablissons l'estimation de $\widetilde{x}(t) - \widetilde{y}(t)$.

On a
$$\frac{d\widetilde{x}(t)}{dt} = A\widetilde{x}(t) + Bf^0(t). \qquad (4.4.9)$$

4.4. DEMONSTRATION DU THEOREME 4.2.1.

La transformée de Fourier de cette équation est
$$i\omega\widehat{\widetilde{x}}(\omega) = A\widehat{\widetilde{x}}(\omega) + B\widehat{f^0}(\omega), \tag{4.4.10}$$

d'où
$$D\widehat{\widetilde{x}}(\omega) = D(i\omega I - A)^{-1}B\widehat{f^0}(\omega)$$

en appliquant la transformée de Fourier inverse on obtient
$$\begin{aligned} D\widetilde{x}(t) &= k_{12}\int_{-\infty}^{+\infty} e^{i\omega t}D\left[i\omega I - A\right]^{-1}B\widehat{f^0}(\omega)d\omega \\ &= k_{12}\int_{-\infty}^{+\infty} e^{i\omega t}\chi(i\omega)\widehat{f^0}(\omega)d\omega. \end{aligned} \tag{4.4.11}$$

De la même manière, on obtient
$$D\widetilde{y}(t) = k_{12}\int_{-\infty}^{+\infty} e^{i\omega t}\chi(i\omega)\widehat{g^0}(\omega)d\omega \tag{4.4.12}$$

d'où
$$D\widetilde{x}(t) - D\widetilde{y}(t) = k_{12}\int_{-\infty}^{+\infty} e^{i\omega t}\chi(i\omega)\left(\widehat{f^0}(\omega) - \widehat{g^0}(\omega)\right)d\omega \tag{4.4.13}$$

et
$$\begin{aligned} \|D\widetilde{x}(t) - D\widetilde{y}(t)\|_{L^2}^2 &\leq k_{12}^2\mu^2(0)\left\|\widehat{f^0}(\omega) - \widehat{g^0}(\omega)\right\|_{L^2}^2 \\ &= k_{12}^2\mu^2(0)\left\|\widehat{f^0}(t) - \widehat{g^0}(t)\right\|_{L^2}^2 \\ &= k_{12}^2\mu^2(0)\int_{\sigma}^{\tau}\|f(t) - g(t)\|^2 dt \\ &\leq \mu^2(0)\Lambda^2\int_{\sigma}^{\tau}\|Dx(t) - Dy(t)\|^2 dt \end{aligned} \tag{4.4.14}$$

(on a majoré k_{12} par 1 car $k_{12} = \dfrac{1}{2\pi}$).

Finalement
$$\|D\widetilde{x}(t) - D\widetilde{y}(t)\|_{L^2}^2 \leq \mu^2(0)\Lambda^2\int_{\sigma}^{\tau}\|Dx(t) - Dy(t)\|^2 dt. \tag{4.4.15}$$

En rassemblant les deux estimations (4.4.8) et (4.4.15) on obtient
$$\|Dx(t) - Dy(t)\|_{L^2_{[\sigma,\tau]}} \leq k_{11}\left[\|\Pi^-(x(\sigma) - y(\sigma))\| + \|\Pi^+(x(\tau) - y(\tau))\|\right] +$$
$$+\mu(0)\Lambda\|Dx(t) - Dy(t)\|_{L^2_{[\sigma,\tau]}}$$
$$\tag{4.4.16}$$

50

4.4. DEMONSTRATION DU THEOREME 4.2.1.

et comme $\mu(0)\Lambda < 1$ on obtient

$$\|Dx(t) - Dy(t)\|_{L^2_{[\sigma,\tau]}} \leq$$

$$\leq \tfrac{k_{11}}{1-\mu(0)\Lambda} \left[\|\Pi^-(x(\sigma) - y(\sigma))\| + \|\Pi^+(x(\tau) - y(\tau))\| \right]. \tag{4.4.17}$$

De la deuxième inégalité du lemme 4.3.2 on obtient

$$\begin{aligned}
\|\Pi^+(x(t) - y(t))\| &\leq k_9 e^{\varepsilon(t-\tau)} \|\Pi^+(x(\tau) - y(\tau))\| \\
&\quad + k_9' \int_t^\tau e^{\varepsilon(t-s)} \|\Pi^+ B(f-g)(s)\| \, ds \\
&\leq k_9 e^{\varepsilon(t-\tau)} \|\Pi^+(x(\tau) - y(\tau))\| \\
&\quad + k_9' \int_\sigma^\tau \|B\Pi^+(f-g)(s)\| \, ds \\
&\leq k_9 e^{\varepsilon(t-\tau)} \|\Pi^+(x(\tau) - y(\tau))\| + \\
&\quad + k_9' \left(\int_\sigma^\tau \|B\|^2 \, ds \right)^{\frac{1}{2}} \left(\int_\sigma^\tau \|\Pi^+(f-g)(s)\|^2 \, ds \right)^{\frac{1}{2}} \\
&\leq k_9 e^{\varepsilon(t-\tau)} \|\Pi^+(x(\tau) - y(\tau))\| + k_9'' \|f-g\|_{L^2_{[\sigma,\tau]}}.
\end{aligned} \tag{4.4.18}$$

On obtient donc

$$\left(\int_\sigma^\tau \|\Pi^+(x(t) - y(t))\|^2 \, dt \right)^{\frac{1}{2}} \leq k_9 \left(\int_\sigma^\tau \|\Pi^+(x(\tau) - y(\tau))\|^2 \, dt \right)^{\frac{1}{2}} + $$

$$+ k_9'' \left(\int_\sigma^\tau \|f-g\|^2_{L^2_{[\sigma,\tau]}} \, dt \right)^{\frac{1}{2}} \tag{4.4.19}$$

d'où

$$\|\Pi^+(x(t) - y(t))\|_{L^2_{[\sigma,\tau]}} \leq k_9 (\tau - \sigma)^{\frac{1}{2}} \|\Pi^+(x(\tau) - y(\tau))\| + $$

$$+ k_9'' \|f-g\|_{L^2_{[\sigma,\tau]}} (\tau - \sigma)^{\frac{1}{2}} \tag{4.4.20}$$

et

$$\|\Pi^+(x(t) - y(t))\|_{L^2_{[\sigma,\tau]}} \leq k_{13} \|\Pi^+(x(\tau) - y(\tau))\| + k_{13}' \|f-g\|_{L^2_{[\sigma,\tau]}}. \tag{4.4.21}$$

De la même manière on obtient

$$\|\Pi^-(x(t) - y(t))\|_{L^2_{[\sigma,\tau]}} \leq k_{14} \|\Pi^-(x(\sigma) - y(\sigma))\| + k_{14}' \|f-g\|_{L^2_{[\sigma,\tau]}}. \tag{4.4.22}$$

4.4. DEMONSTRATION DU THEOREME 4.2.1.

En rassemblant les inégalités (4.4.21) et (4.4.22) et en tenant compte de la majoration

$$\|f - g\|_{L^2_{[\sigma,\tau]}} \leq k_{15} \left[\|\Pi^-(x(\sigma) - y(\sigma))\| + \|\Pi^+(x(\tau) - y(\tau))\|\right], \quad (4.4.23)$$

et en utilisant les inégalités (4.4.6) et (??), on obtient la première inégalité du théorème 4.2.1 à savoir

$$\|x(t) - y(t)\|_{L^2_{[\sigma,\tau]}} \leq k_5 \left[\|\Pi^-(x(\sigma) - y(\sigma))\| + \|\Pi^+(x(\tau) - y(\tau))\|\right]. \quad (4.4.24)$$

Par ailleurs, de la deuxième inégalité du lemme 3.3.2, on obtient l'inégalité (4.4.18) à savoir

$$\|\Pi^+(x(t) - y(t))\| \leq k_9 e^{\varepsilon(t-\tau)} \|\Pi^+(x(\tau) - y(\tau))\| + k_9'' \|f - g\|_{L^2_{[\sigma,\tau]}}. \quad (4.4.25)$$

En majorant $e^{\varepsilon(t-\tau)}$ par 1 et en utilisant l'inégalité (4.4.23) on obtient,

$$\begin{aligned} \|\Pi^+(x(t) - y(t))\| &\leq k_9 \|\Pi^+(x(\tau) - y(\tau))\| + k_9^* \left[\|\Pi^-(x(\sigma) - y(\sigma))\| + \right. \\ &\quad + \left. \|\Pi^+(x(\tau) - y(\tau))\|\right]. \end{aligned} \quad (4.4.26)$$

De la même manière on obtient de la première inégalité du lemme 3.3.2

$$\begin{aligned} \|\Pi^-(x(t) - y(t))\| &\leq k_7 \|\Pi^-(x(\sigma) - y(\sigma))\| + k_7^* [\|\Pi^-(x(\sigma) - y(\sigma))\| + \\ &\quad + \|\Pi^+(x(\tau) - y(\tau))\|]. \end{aligned} \quad (4.4.27)$$

Comme $x(t) = \Pi^+ x(t) + \Pi^- x(t)$ on obtient en posant $t = \tau$

$$\begin{aligned} \|x(\tau) - y(\tau)\| &\leq \|\Pi^+(x(\tau) - y(\tau))\| + \|\Pi^-(x(\tau) - y(\tau))\| \\ &\leq k_6 \left[\|\Pi^-(x(\sigma) - y(\sigma))\| + \|\Pi^+(x(\tau) - y(\tau))\|\right], \end{aligned} \quad (4.4.28)$$

ce qui termine la démonstration du théorème 4.2.1 dans le cas où $\lambda = 0$.

Examinons à présent le cas où on a $\lambda > 0$.

Considérons l'équation

$$\frac{du(t)}{dt} = (A + \lambda I)u(t) + Be^{\lambda t}\Phi(t, De^{-\lambda t}u(t)). \quad (4.4.29)$$

En posant $A_1 = A + \lambda I$ et $\Phi_1(t, Du(t)) = e^{\lambda t}\Phi(t, De^{-\lambda t}u(t))$ on se ramène au cas qu'on vient de démontrer et par conséquent si u et v sont deux solutions de l'équation (4.4.29) on a :

1°) $\|u(t) - v(t)\|_{L^2_{[\sigma,\tau]}} \leq k_5 \left[\|\Pi^-(u(\sigma) - v(\sigma))\| + \|\Pi^+(u(\tau) - v(\tau))\|\right]$;

2°) $\|u(\tau) - v(\tau)\| \leq k_6 \left[\|\Pi^-(u(\sigma) - v(\sigma))\| + \|\Pi^+(u(\tau) - v(\tau))\|\right].$

$$(4.4.30)$$

4.4. DEMONSTRATION DU THEOREME 4.2.1.

On a vu dans la démonstration du lemme 4.3.1 que x est solution de l'équation (4.2.2) si, et seulement si, $u : t \longmapsto u(t) = e^{\lambda t}x(t)$ est solution de l'équation (4.4.29). Si on remplace dans les inégalités (4.4.30) $u(t)$ par $e^{\lambda t}x(t)$ et $v(t)$ par $e^{\lambda t}y(t)$ on obtient

1°) $\left\| e^{\lambda t}(x(t) - y(t)) \right\|_{L^2_{[\sigma,\tau]}} \leq$
$$\leq k_5 \left[e^{\lambda \sigma} \left\| \Pi^-(x(\sigma) - y(\sigma)) \right\| + e^{\lambda \tau} \left\| \Pi^+(x(\tau) - y(\tau)) \right\| \right] ;$$

2°) $\|x(\tau) - y(\tau)\| \leq k_6 \left[e^{\lambda(\sigma-\tau)} \left\| \Pi^-(x(\sigma) - y(\sigma)) \right\| + \left\| \Pi^+(x(\tau) - y(\tau)) \right\| \right].$

Ce qui termine la démonstration du théorème 4.2.1.

Commentaire : Il est aisé de voir la différence entre les estimations (4.1.1) données par R.A. Smith et que nous avons citées dans le théorème 4.1.1 et les estimations (4.2.8) qu'on a données dans le théorème 4.2.1. Nous avons dans nos deux estimations (4.2.8) la quantité $\|\Pi^-(x(\sigma) - y(\sigma))\|$ au lieu de $\|(x(\sigma) - y(\sigma))\|$ dans les estimations (4.1.1) données par R.A. Smith ; et il est évident que $\forall x \in \mathbb{R}^n, \|\Pi^- x\| \leq \|x\|$. Nous avons obtenu cette amélioration grâce à l'introduction des deux projections Π^- et Π^+ sur les sous variétés stables et instables S_λ et U_λ, alors que R.A. Smith [3] n'a qu'une seule projection ; celle-ci correspond à celle qu'on a notée Π^+. Néanmoins il faut souligner que R.A. Smith fait des estimations sur des solutions d'une équation différentielle à retard, alors que nous nous limitons à des solutions d'une équation différentielle ordinaire.

Note historique : Concernant la comparaison de deux solutions d'une équation différentielle ordinaire, il y a les résultats classiques qu'on obtient en utilisant, par exemple, le lemme de Gronwall. En 1990, R.A. Smith, en utilisant sa méthode de réduction, a obtenu les estimations (4.1.1), pour une classe d'équations différentielles à retard. En nous inspirant de sa méthode de réduction et en utilisant deux projections l'une sur une variété stable l'autre sur une variété instable, nous avons obtenu les résultats exposés dans ce chapitre.

Bibliographie

[1] M. W. HIRSCH / S. SMALE, *Differential equations, dynamical systems, and linear algebra,* Academic Press, 1974.

[2] W. RUDIN, *Real and complex analysis,* McGraw-Hill, 1970.

[3] R.A. SMITH, *Convergence theorems for periodic retarded functional differential equations,* Proc. London Math. Soc. (3) **60** (1990), pp 581-608.

[4] R.A. SMITH, *Poincaré-Bendixson theory for certain retarded functional differential equations,* Differential and Integral Equations, Vol. 5, Number **1** (1992), pp 213-240.

Partie II

SUR LES EQUATIONS DIFFERENTIELLES A RETARD.

5

UNE GENERALISATION DU THEOREME DE CARTWRIGHT.

UNE GENERALISATION DU THEOREME DE CARTWRIGHT.

Résumé : Dans ce chapitre, en utilisant la méthode de réduction développée par R.A. Smith et que nous avons présentée au chapitre 1, on généralise un théorème de Cartwright à une classe d'équations différentielles à retard. Nous montrons, pour ces équations, que les solutions presque-périodiques, lorsqu'elles existent, sont quasi-périodiques.

5.1 INTRODUCTION.

Dans le but de généraliser des résultats connus pour les équations différentielles ordinaires à des équations différentielles fonctionnelles à retard, on se propose ici de généraliser un théorème classique dû à M.L. Cartwright [3]. Cet auteur montre que pour une équation différentielle ordinaire autonome de dimension n,

$$\dot{x}(t) = f(x(t)) \tag{5.1.1}$$

où f est localement lipschitzienne (voir [2, 3]), toute solution presque-périodique de (5.1.1) définie sur $\mathbb{R}$ est quasi-périodique. Elle montre en effet qu'un flot presque-périodique et continu $(\mathcal{O}(x), \varphi)$ peut être étendu à la fermeture de son orbite, qui est un ensemble minimal $\mathcal{M} = \mathcal{M}(x)$, de telle sorte que le flot étendu $(\mathcal{M}, \varphi)$ soit presque-périodique, avec les mêmes presque-périodes que celles de $(\mathcal{O}(x), \varphi)$. Elle montre ensuite que la dimension topologique de $\mathcal{M}$ est égale à $J \leq n-1$, et que le flot presque-périodique $(\mathcal{M}, \varphi)$ a une base rationnelle de J termes. Elle montre enfin que si $x(t, x_0)$ est une solution uniformément presque-périodique de l'équation (5.1.1) définie sur $\mathbb{R}$, alors elle a une base rationnelle de J termes et si $J = n-1$ alors la base est entière. J. Blot [2], par une approche analytique a redémontré le même résultat, à savoir que toute solution presque-périodique de l'équation (5.1.1) définie sur $\mathbb{R}$ est quasi-périodique. J. Mallet-Paret [5] a montré le résultat suivant :

Soit H un espace de Hilbert séparable et T une application de classe C^1 d'un ouvert U de H dans H. Soit Γ un sous ensemble compact de H tel que $\Gamma \subset U$ et tel que les deux conditions suivantes soient vérifiées :

(i) $T(\Gamma) \supseteq \Gamma$ (Γ est négativement invariant par T) ;

(ii) Il existe un sous espace vectoriel fermé, de codimension finie, C de H tel que $\|DT(x)_{/C}\| < 1$ pour tout $x \in \Gamma$.

Alors la dimension topologique de Γ est finie.

En application de ce résultat (voir [5] th.4.1) J. Mallet-Paret généralise le théorème de Cartwright [3], aux équations différentielles à retard discret de la forme

$$\dot{x}(t) = f(x(t), x(t-\tau_1), ..., x(t-\tau_N)) \qquad (5.1.2)$$

où $x \in \mathbb{R}^n$ et $f : \mathbb{R}^{n(N+1)} \to \mathbb{R}^n$ est de classe C^1, bornée sur $\mathbb{R}^{n(N+1)}$ et $\tau_j \in]0,1]$, $(j = 1, 2, ...N)$ sont des constantes. Il montre que si x est une solution presque-périodique de (5.1.2), alors les exposants de la série de Fourier de x admettent une base rationnelle finie ; (i.e il existe un ensemble fini de nombres réels $\lambda_1, \lambda_2, ..., \lambda_s$ tels que tout exposant de Fourier λ, de x s'écrit de manière unique sous la forme $\lambda = r_1\lambda_1 + r_2\lambda_2 + ... + r_s\lambda_s$ où $r_1, r_2, ...r_s$ sont des nombres rationnels). Cette extension de J. Mallet-Paret couvre pratiquement toutes les équations différentielles fonctionnelles à retard discret mais ne couvre pas les équations à retard continu. Dans le présent chapitre on va généraliser le théorème de Cartwright à une grande classe d'équations différentielles fonctionnelles à retard continu. Notre attention sera portée sur les équations écrites sous la forme contrôle par rétroaction (en anglais "feed-back contrôle"). Dans les démonstrations, on utilise la réduction de R.A. Smith, que nous avons introduit au chapitre 1. Dans le §2, après avoir rappelé certains résultats sur les fonctions presque-périodiques, nous en démontrons d'autres (la proposition 5.2.2) nécessaires pour démontrer, dans le §3, notre résultat principal qui constitue, comme on l'a déjà dit , une généralisation du théorème de Cartwright à des équations à retard continu.

5.2 QUELQUES RESULTATS SUR LES FONCTIONS PRESQUE-PERIODIQUES ET LES FONCTIONS QUASI-PERIODIQUES.

Soit X un espace de Banach, et soit f une fonction définie sur $\mathbb{R}$ à valeurs dans X. On notera $Im(f) := \{x = f(t) \mid t \in \mathbb{R}\}$; et $|x|$ la norme d'un point $x \in X$.

5.2. QUELQUES RESULTATS SUR LES FONCTIONS PRESQUE -PERIODIQUES ET LES FONCTIONS QUASI-PERIODIQUES.

Rappelons qu'un ensemble $E \subset \mathbb{R}$ est dit relativement dense s'il existe un nombre $l > 0$ (longueur d'inclusion) tel que tout intervalle $[a, a + l]$, $a \in \mathbb{R}$, contienne au moins un point de E.

Définition 5.2.1 *Une fonction continue $f : \mathbb{R} \to X$ est dite presque -périodique si à tout $\varepsilon > 0$ correspond un ensemble relativement dense $\{\tau\}_\varepsilon$ tel que*

$$\sup_{t \in \mathbb{R}} |f(t + \tau) - f(t)| \leq \varepsilon \,, \forall \tau \in \{\tau\}_\varepsilon. \tag{5.2.1}$$

Chaque élément $\tau \in \{\tau\}_\varepsilon$ est appelé une presque-période de f ; à l'ensemble $\{\tau\}_\varepsilon$ correspond une longueur d'inclusion l_ε.

Voici à présent quelques propriétés des fonctions presque-périodiques voir [1, 2].

- Pour tout $\varepsilon > 0$, l'ensemble $\{\tau\}_\varepsilon$ est fermé.
- Pour tout $\varepsilon > 0$, l'ensemble $\{l'\}_\varepsilon$ des longueurs d'inclusion correspondantes a un minimum l_ε.

Soit $f : \mathbb{R} \to X$ une fonction définie sur $\mathbb{R}$ et à valeurs dans un espace de Banach X.

- Si f est presque-périodique alors f est uniformément continue.
- Si f est presque-périodique alors $Im(f)$ est relativement compacte.
- Si $(f_n)_{n \in \mathbb{N}}$ est une suite de fonctions presque-périodiques qui converge uniformément vers une fonction f, alors f est presque-périodique ; par conséquent, l'ensemble des fonctions presque-périodiques est fermé pour la topologie de la convergence uniforme.
- Si f est presque-périodique et f' est uniformément continue alors f' est presque-périodique (f' désigne la fonction dérivée de f).
- La somme $f + g$ de deux fonctions presque-périodiques est une fonction presque-périodique.
- Le produit $\varphi.f$ d'une fonction presque-périodique f, définie de $\mathbb{R}$ dans X, par une fonction numérique φ presque-périodique est une fonction presque-périodique définie de $\mathbb{R}$ dans X.

Théorème 5.2.1 *Soient X et Y deux espaces de Banach, $f : \mathbb{R} \to X$ une fonction presque-périodique et $g : X \to Y$ une application continue sur $\overline{Im(f)}$ alors $g \circ f$ est une fonction presque-périodique.*

5.2. QUELQUES RESULTATS SUR LES FONCTIONS PRESQUE -PERIODIQUES ET LES FONCTIONS QUASI-PERIODIQUES.

Preuve : (voir [1]) Observons d'abord que $g \circ f$ est continue, en outre g est uniformément continue sur le compact $\overline{Im(f)} = G$. Alors
$\forall \varepsilon > 0, \exists \delta_\varepsilon > 0 \ tq \ \forall x', x'' \in G,$
$\|x'' - x'\| \leq \delta_\varepsilon \Rightarrow \|g(x'') - g(x')\| \leq \varepsilon.$
Soit maintenant τ une δ_ε-presque-période de f. Alors
$\forall t, \|f(t+\tau) - f(t)\| \leq \delta_\varepsilon$ et par conséquent en posant
$x'' = f(t+\tau)$, $x' = f(t)$ on obtient

$$\|g(f(t+\tau)) - g(f(t))\| \leq \varepsilon \tag{5.2.2}$$

et τ est une ε-presque-période de $g \circ f$. ■

Observons que $\forall a \in X$ et $\lambda \in \mathbb{R}$ la fonction $ae^{i\lambda t}$ est périodique, il s'ensuit que tout polynôme trigonométrique

$$P(t) = \sum_{k=1}^{n} a_k e^{i\lambda_k t}, \qquad a_k \in X, \qquad \lambda_k \in \mathbb{R} \tag{5.2.3}$$

est presque-périodique et par conséquent, toute fonction f qui est limite, pour la convergence uniforme, d'une suite de polynômes trigonométriques est presque-périodique.

Si une fonction $f : \mathbb{R} \to X$ est presque-périodique alors il existe, pour tout $\varepsilon > 0$, un polynôme trigonométrique

$$P_\varepsilon(t) = \sum_{k=1}^{n} b_k e^{i\lambda_k t} \tag{5.2.4}$$

tel que
$$\sup_{t \in \mathbb{R}} \|f(t) - P_\varepsilon(t)\| \leq \varepsilon. \tag{5.2.5}$$

Toute fonction presque-périodique $x = f(t)$, possède une moyenne temporelle

$$M(x) = M(f(t)) = \lim_{T \to \infty} \frac{1}{2T} \int_{-T}^{T} f(t) dt. \tag{5.2.6}$$

Les fonctions presque-périodiques définies de $\mathbb{R}$ dans un espace de Banach X sont représentables par des familles sommables d'exponentielles complexes dotées de coefficients vectoriels de Fourier-Bohr ;

$$a(\lambda, f(t)) := M(f(t)e^{-i\lambda t}) \in X \tag{5.2.7}$$

5.2. QUELQUES RESULTATS SUR LES FONCTIONS PRESQUE -PERIODIQUES ET LES FONCTIONS QUASI-PERIODIQUES.

où $\lambda \in \mathbb{R}$ et $f : \mathbb{R} \to X$ est presque-périodique, et l'on écrit

$$f(t) \sim \sum_{\lambda \in \mathbb{R}} a(\lambda, f(t)) e^{i\lambda t}. \tag{5.2.8}$$

On a en outre l'égalité de Parseval

$$M(|f(t)|^2) = \sum_{\lambda \in \mathbb{R}} |a(\lambda, f(t))|^2. \tag{5.2.9}$$

Pour une fonction presque-périodique f définie de $\mathbb{R}$ dans un espace de Banach X, on pose $\Lambda(f) := \{\lambda \in \mathbb{R} \ / a(\lambda, f(t)) \neq 0\}$; l'égalité de Parseval qui assure la sommabilité de la famille $(|a(\lambda, f(t))|^2)_{\lambda \in \mathbb{R}}$ induit que $\Lambda(f)$ est au plus dénombrable.

$$Mod(f) := \left\{ \sum_{\nu=1}^{n} k_\nu \lambda_\nu / n \in \mathbb{N}, k_\nu \in \mathbb{Z}, \lambda_\nu \in \Lambda(f) \right\} \tag{5.2.10}$$

est appelé le module des fréquences de f ; c'est le $\mathbb{Z}$-module (ou le groupe abélien) engendré par $\Lambda(f)$.

Lorsque $Mod(f)$ est un module libre de type fini on dit que f est quasi-périodique.

Proposition 5.2.1 *Si g est une fonction presque-périodique définie de $\mathbb{R}$ dans $\mathbb{R}^d$, et $f \in \mathcal{C}^0(\overline{Im(g)}, \mathbb{R}^m)$. Alors $f \circ g$ est une fonction presque-périodique définie de $\mathbb{R}$ dans $\mathbb{R}^m$ et $Mod(f \circ g) \subset Mod(g)$.*

Preuve : La fonction $f \circ g$ est presque-périodique et définie de $\mathbb{R}$ dans $\mathbb{R}^m$, est un résultat classique (voir théorème 5.2.1).

Montrons alors que $Mod(f \circ g) \subset Mod(g)$.

Soit $\mathcal{K}$ l'enveloppe convexe fermée de $Im(g)$. Si f est continue sur $\overline{Im(g)}$, elle se prolonge en une application continue sur $\mathcal{K}$ et par conséquent, se prolonge en une application continue sur $\mathbb{R}^d$. En particulier f a un prolongement continu à un pavé P fermé contenant $\mathcal{K}$. La fonction f est limite uniforme sur P d'une suite de polynômes Q_j. Pour un polynôme quelconque Q on a, $\Lambda(Q \circ g) \subset \Lambda(g)$ donc $Mod(Q \circ g) \subset Mod(g)$ ce qui prouve que pour tout $\lambda \notin Mod(g)$ on a, $a(\lambda, Q \circ g) = 0$ et par continuité on a donc pour tout $\lambda \notin Mod(g)$, $a(\lambda, f \circ g) = 0$ et donc $Mod(f \circ g) \subset Mod(g)$. ∎

Remarque 5.2.1 *Dans la proposition 5.2.1 on peut remplacer $\mathbb{R}^d$ et $\mathbb{R}^m$ par $\mathbb{C}^d$ et $\mathbb{C}^m$ où $\mathbb{C}$ est le corps des nombres complexes.*

Dans ce qui suit nous généralisons le résultat de la proposition 5.2.1 au cas où
$f \in \mathcal{C}^0(\overline{Im(g)}, X)$ et X est un espace de Banach quelconque. Nous n'avons pas rencontré ce résultat dans la littérature et comme nous allons l'utiliser dans la suite, on a estimé nécessaire d'en donner une démonstration.

Proposition 5.2.2 *Si g est une fonction presque-périodique définie de $\mathbb{R}$ dans $\mathbb{R}^n$ et $f \in \mathcal{C}^0(\overline{Im(g)}, X)$ où X est un espace de Banach de dimension quelconque, alors $f \circ g$ est une fonction presque-périodique définie de $\mathbb{R}$ dans X et $Mod(f \circ g) \subset Mod(g)$.*

Preuve : La fonction $f \circ g$ est presque-périodique et définie de $\mathbb{R}$ dans X (voir théorème 5.2.1).

Il reste à montrer que $Mod(f \circ g) \subset Mod(g)$. Soit L un élément quelconque de X^* (où X^* désigne le dual de X) ; on a en remplaçant dans la proposition 5.2.1, f par $L \circ f$, $L \circ f \circ g$ est une fonction numérique presque-périodique et $Mod(L \circ f \circ g) \subset Mod(g)$.

$$\frac{1}{2T}\int_{-T}^{T}(L \circ f \circ g)(t)e^{-i\lambda t}dt = L(\frac{1}{2T}\int_{-T}^{T}(f \circ g)(t)e^{-i\lambda t}dt). \qquad (5.2.11)$$

En passant à la limite on obtient

$$a(L \circ f \circ g, \lambda) = L(a(f \circ g, \lambda)) \qquad (5.2.12)$$

$$a(L \circ f \circ g, \lambda) = 0, \forall L \in X^* \Leftrightarrow a(f \circ g, \lambda) = 0. \qquad (5.2.13)$$

Si $\lambda \in Mod(f \circ g)$ alors $\lambda = \sum_{i=1}^{n} k_i \lambda_i$ où $k_i \in \mathbb{Z}$ et $\lambda_i \in \Lambda(f \circ g)$.

Si $\lambda_i \in \Lambda(f \circ g)$ alors $a(f \circ g, \lambda_i) \neq 0$ et $\exists L_j \in X^*$ tq $L_j(a(f \circ g, \lambda_i)) \neq 0$ et donc $\lambda_i \in \Lambda(L_j \circ f \circ g)$ et par conséquent $\lambda_i \in Mod(L_j \circ f \circ g) \subset Mod(g)$. Donc $\forall i = 1, 2, ...n$; $\lambda_i \in Mod(g)$ et par suite $\lambda = \sum_{i=1}^{n} k_i \lambda_i \in Mod(g)$ et

$$Mod(f \circ g) \subset Mod(g). \blacksquare \qquad (5.2.14)$$

5.3 RESULTAT PRINCIPAL.

Dans ce paragraphe nous montrerons, moyennant des hypothèses assez générales, que les solutions presque-périodiques de certaines équations différentielles fonctionnelles à retard sont quasi-périodiques.

5.3. RESULTAT PRINCIPAL.

Théorème 5.3.1 *Supposons que pour l'équation* (1.2.17), *il existe un réel* $\lambda > 0$ *et un entier* $j > 0$ *tel que* $\left(\mathbf{H}_1^2\right)$ *soit vérifiée et que* (1.2.19) *soit vérifiée avec* $\Omega(\mathcal{CS}) < \mu(\lambda)^{-1}$. *Alors toute solution presque-périodique de l'équation* (1.2.17), *définie sur* $\mathbb{R}$, *est quasi-périodique.*

Preuve : Les hypothèses imposées à l'équation (1.2.17) nous assurent qu'il existe une correspondance biunivoque entre les solutions réductibles de l'équation (1.2.17) et les solutions de l'équation différentielle ordinaire (1.2.40) et cette correspondance vérifie (1.2.45). Soit x une solution presque-périodique de l'équation (1.2.17), définie sur $\mathbb{R}$. Celle-ci est donc bornée et par conséquent elle est réductible. La fonction ζ définie par $\zeta(t) = \Pi x_t$ pour tout $t \in \mathbb{R}$, est une solution de l'équation (1.2.40), définie sur $\mathbb{R}$. Comme $\Pi : \mathcal{A} \to \Pi \mathcal{A}$ est continue, on a (voir proposition 5.2.1) Πx_t est presque-périodique et donc quasi-périodique, puisque c'est la solution d'une équation différentielle ordinaire autonome en dimension finie, (voir [2, 3]). L'application réciproque Ψ, de Π, définie de $\Pi \mathcal{A} \subset \mathbb{R}^j$ dans $\mathcal{A}$ est continue ; de plus à la solution quasi-périodique ζ de l'équation (1.2.40) elle associe la solution presque-périodique x de l'équation (1.2.17), par ailleurs (voir proposition 5.2.2) cette solution vérifie la relation $x_t = (\Psi \circ \zeta)(t)$, pour tout $t \in \mathbb{R}$, et est telle que $Mod(x) \subset Mod(\zeta)$. Comme la fonction ζ est quasi-périodique, elle admet un module de type fini, et il s'en suit que la solution x de l'équation (1.2.17) admet aussi un module de type fini et est donc quasi-périodique. ∎

Corollaire 5.3.1 *Soit, avec les mêmes notations que dans* (1.2.17),

$$\dot{x}(t) = A x_t \qquad (5.3.1)$$

une équation différentielle fonctionnelle à retard, linéaire et autonome. Alors toute solution presque-périodique de (5.3.1), *définie sur* $\mathbb{R}$, *est quasi-périodique.*

Preuve : L'équation (5.3.1) est un cas particulier de l'équation (1.2.17), avec $\Phi(y) \equiv 0$. On a donc $\Omega(\mathcal{CS}) = 0$ et par conséquent pour tout $\lambda > 0$, $\Omega(\mathcal{CS}) < \mu(\lambda)^{-1}$. D'autre part, pour tout réel $\beta > 0$, le nombre de racines de l'équation (1.2.23) dans le demi-plan $Re z \geq \beta$ est fini ; donc on peut toujours choisir $\lambda > 0$ tel que $\left(\mathbf{H}_1^2\right)$ soit vérifiée avec un entier $j > 0$ quelconque ; ainsi les hypothèses du théorème 5.3.1 sont vérifiées et entraînent le résultat. ∎

Note historique : C'est le Professeur Ovide Arino qui m'a suggéré de voir si on pouvait généraliser le théorème de Cartwright à des équations différentielles à retard, en utilisant la méthode de réduction de R.A. Smith. M.L. Cartwright [3] a, en 1967, montré par une approche géométrique que les solutions presque-périodiques, définies sur $\mathbb{R}$, d'une équation différentielle $\dot{x}(t) = f(x(t))$, où $x \in \mathbb{R}^n$, sont quasi-périodiques. J. Blot [2] a redémontré le même résultat par une approche analytique. Concernant les équations différentielles à retard c'est J. Mallet-Paret [5] qui en 1976 et par une approche géométrique, a généralisé ce théorème au cas des équations différentielles à retard discret. En utilisant la méthode de réduction de R.A. Smith, nous avons généralisé le théorème de Cartwright à une grande classe d'équations différentielles à retard continu. Les résultats qu'on a obtenus sont ceux exposés dans ce chapitre 5.

Bibliographie

[1] L. AMERIO and G. PROUSE, *Almost-periodic functions and functional equations*, Van Nostrand, N.Y. 1971.

[2] J. BLOT, *Une approche variationnelle des orbites quasi-périodiques des systèmes Hamiltoniens*, Ann. sc. math. Quebec, (2) **13** (1989), pp 7-32.

[3] M.L. CARTWRIGHT, *Almost-periodic flows and solutions of differential equations*, Proc. London Math .Soc. (3) **17** (1967), pp 355-380.

[4] J.K. HALE, *Theory of functional differential equations*, Springer, N.Y. 1977.

[5] J. MALLET-PARET, *Negatively invariant sets of compact maps and an extension of a theorem of Cartwright*, J. Differential Equations **22** (1976), pp 331-348.

[6] R.A. SMITH, *Convergence theorems for periodic retarded functional differential equations*, Proc. London Math. Soc. (3) **60** (1990), pp 581-608.

[7] R.A. SMITH, *Poincaré-Bendixson theory for certain retarded functional differential equations*, Differential and Integral Equations, Vol. **5**, Number 1 (1992), pp 213-240.

6

EXISTENCE DE SOLUTIONS PERIODIQUES ORBITALEMENT STABLES POUR UNE EQUATION DIFFERENTIELLE A RETARD.

EXISTENCE DE SOLUTIONS PERIODIQUES ORBITALEMENT STABLES POUR UNE EQUATION DIFFERENTIELLE A RETARD.

Résumé : Dans ce chapitre, en utilisant la réduction de R.A. Smith que nous avons présentée au chapitre 1, nous montrons l'existence de solutions périodiques orbitalement stables pour l'équation

$$\frac{dx}{dt}(t) = -\beta x(t) + f(x(t-1)).$$

6.1 INTRODUCTION.

Dans ce chapitre nous appliquons la méthode de réduction de R.A. Smith que nous avons présentée au chapitre 1 pour montrer l'existence de solutions périodiques orbitalement stables pour l'équation

$$\frac{dx}{dt}(t) = -\beta x(t) + f(x(t-1)) \qquad (6.1.1)$$

où β est une constante positive et $f : \mathbb{R} \to \mathbb{R}$ est une fonction régulière telle que $f(0) = 0$.

Cette équation a suscité et suscite encore beaucoup d'intérêts ces dernières années à cause des applications qu'elle a en écologie, en physiologie et en physique voir [12] et les références dans [12].

Plusieurs auteurs, voir [1, 3, 4, 5, 6, 7, 10, 11], ont étudié cette équation sous différentes formes, à commencer par celle connue sous le nom d'équation de Wright

$$\frac{dy}{dt}(t) = -\beta y(t-1)\,[1 - y(t)] \qquad (6.1.2)$$

qui devient un cas particulier de l'équation (6.1.1), en passant par l'équation

$$\frac{dx}{dt}(t) = -f(x(t), x(t-1)) \qquad (6.1.3)$$

dont l'équation (6.1.1) est un cas particulier. L'intérêt des auteurs ayant étudié ces équations est porté sur l'existence de solutions périodiques ou de solutions lentement oscillantes, et beaucoup de résultats ont été obtenus là dessus. Le problème de la stabilité de ces solutions est relativement peu abordé, S.N. Chow et H.O. Walther [2] ont abordé le problème en utilisant les facteurs caractéristiques, pour l'équation

$$\frac{dx}{dt}(t) = f(x(t-1)).$$

X. Xie [14, 15, 16], en utilisant l'équation du multiplicateur (multiplier equation) montre sous certaines conditions, notamment $\varepsilon > 0$ assez petit, que pour l'équation

$$\varepsilon \frac{dx}{dt}(t) = \sigma x(t) + f(x(t-1)),$$

la solution périodique lentement oscillante est unique et linéairement stable.

6.2 UN RESULTAT DÛ A R.A. SMITH.

Dans ce paragraphe nous allons rappeler un théorème que R.A.Smith a montré en utilisant la méthode de réduction que nous avons présentée au chapitre 1. Ce résultat nous l'utiliserons dans l'étude de l'équation (6.1.1).

Définition 6.2.1 *Si K est une solution constante de l'équation (1.2.17), nous dirons que la fonction constante $K \in \mathcal{C}$ est un point critique de cette équation.*

Remarque 6.2.1 *Si K est un point critique de l'équation (1.2.17) et $\phi(y)$ est de classe $\mathcal{C}^1$ dans un voisinage de CK, de matrice jacobienne $J(y)$, alors la stabilité du point K est déterminée par les racines de l'équation caractéristique*

$$\det[zI - \mathbf{a}(z) - BJ(CK)\mathbf{c}(z)]. \qquad (6.2.1)$$

Soit $z_1, z_2, z_3, \ldots$ la suite des racines de l'équation (6.2.1) rangées dans l'ordre décroissant de leurs parties réelles ($\operatorname{Re} z_1 \geqslant \operatorname{Re} z_2 \geqslant \operatorname{Re} z_3 \ldots$). Nous dirons que K est un point critique terminal si ou bien $\operatorname{Re} z_1 < 0$ ou bien $\operatorname{Re} z_3 < 0 < \operatorname{Re} z_2$. Dans ce dernier cas le point critique terminal K est dit instable.

Définition 6.2.2 *Un ensemble fermé borné $S_0 \subset S$ est appelé un attracteur pour l'équation (1.2.17) dans S s'il existe un ouvert $\mathcal{G} \supset S_0$ tel que toute solution x_t de l'équation (1.2.17) vérifiant $x_\sigma \in \mathcal{G}$ décrit une semi-orbite positive Γ^+ bornée, ayant sa fermeture contenue dans S et vérifiant $\omega(\Gamma^+) \subset S_0$.*

Théorème 6.2.1 *(voir [10]) Supposons que l'équation (1.2.17) satisfait (1.2.19) avec $\Lambda(CS) < \mu(\lambda)^{-1}$ et $(\boldsymbol{H}_1^2)$ avec $j = 2$. Supposons de plus que l'équation (1.2.17) ait un attracteur fermé borné $S_0 \subset S$. Si ou bien S_0 ne contient pas de points critiques ou bien S_0 contient un seul point critique et que celui-ci est un point critique terminal instable, alors S_0 contient au moins une trajectoire périodique orbitalement stable.*

C'est en utilisant l'application Π et la correspondance biunivoque qui existe entre les solutions réductibles de l'équation (1.2.17) et les solutions de l'équation (1.2.44) que R.A. Smith a montré ce théorème (voir [10]) .

6.3 APPLICATION A L'ETUDE DE L'EQUATION (6.1.1).

Revenons à l'équation (6.1.1), on peut la réécrire sous la forme

$$\frac{dx}{dt}(t) = -\beta x(t) - \alpha x(t-1) + h(x(t-1)) \qquad (6.3.1)$$

où $\alpha = -f'(0)$. C'est une équation écrite sous la forme de l'équation (1.2.17) avec :
$A\varphi = -\beta\varphi(0) - \alpha\varphi(-1)$;
$C\varphi = \varphi(-1)$;
$\phi = h$, $B = 1$.
Sous l'hypothèse (voir [6])

$\mathbf{H}_6^1) \begin{cases} \beta \geqslant 0 \ ; \\ f : \mathbb{R} \to \mathbb{R} \text{ de classe } \mathcal{C}^\infty \text{ (pour simplifier) } ; \\ xf(x) > 0 \text{ pour tout } x \neq 0 \ ; \\ -f'(0) > 0 \ ; \\ f(x) \geqslant -K \text{ pour un certain } K \text{ et tout } x \ ; \end{cases}$

l'équation (6.1.1) vérifie la condition de négative feed-back et il existe un attracteur maximal compact dans $\mathcal{C}[-1,0]$ pour cette équation.

Remarque 6.3.1 *L'équation caractéristique associée à l'équation linéaire*

$$\frac{dx}{dt}(t) = -\beta x(t) - \alpha x(t-1) \tag{6.3.2}$$

est

$$z + \beta + \alpha e^{-z} = 0. \tag{6.3.3}$$

6.3.1 QUELQUES RAPPELS SUR LE SPECTRE DE L'EQUATION LINEAIRE.

Considérons l'équation linéaire

$$\frac{dx}{dt}(t) = -Ax(t) - Bx(t-1) \tag{6.3.4}$$

l'équation caractéristique associée à l'équation (6.3.4) est

$$z + A + Be^{-z} = 0. \tag{6.3.5}$$

Pour $\eta > 0$ donné, écrivons l'équation

$$\xi + \eta e^{-\xi} = 0 \tag{6.3.6}$$

il est évident que z est solution de l'équation (6.3.5) si, et seulement si, $z + A$ est solution de l'équation (6.3.6) avec $\eta = Be^A$.

Pour l'équation (6.3.6) le résultat suivant est connu (voir [13]).

Théorème 6.3.1 *Si* $\eta > e^{-1}$, *les solutions de l'équation (6.3.6) sont des paires complexes conjuguées* $\xi_k, \overline{\xi}_k$ *où* $\xi_k = \sigma_k + it_k$,
$2k\pi < t_k < (2k+1)\pi \qquad k = 0, 1, 2, \ldots$
-Si $0 \leqslant \eta \leqslant e^{-1}$, *le même résultat reste vrai mais* $\xi_0, \overline{\xi}_0$ *sont remplacées par une solution double* $\xi = -1$ *lorsqu'on a* $\eta = e^{-1}$ *et deux solutions réelles* $\xi = \sigma'_0, \sigma_0$ *lorsqu'on a* $\eta < e^{-1}$ *et elles vérifient*

$$0 > \sigma'_0 > -1 > Log\eta > \sigma_0.$$

Si $\eta < \dfrac{\pi}{2}$ *toutes les solutions de l'équation (6.3.6) ont des parties réelles négatives.*

-Les parties réelles des solutions de l'équation (6.3.6) sont rangées dans l'ordre $\sigma_{k+1} < \sigma_k$ *pour tout* η *et pour tout* $k \geqslant 0$.
-Nous avons aussi : $\tan t_{k+1} > \tan t_k$.

6.3.2 SOLUTIONS PERIODIQUES.

Lemme 6.3.1 *Si* $(\alpha - \gamma) > 0$ *et si*
$$\Phi(\operatorname{arccot} \frac{-\beta}{3\pi}) < (\alpha - \gamma)e^{\beta} < \Phi(\operatorname{arccot} \frac{-2\beta}{\pi})$$
alors le point critique 0 de l'équation (6.3.1) *est terminal et instable. On a noté* $\gamma = h'(0)$ *et* $\Phi(T) = \dfrac{T}{\sin T} \exp(-T \cot T)$.

Preuve : Pour l'équation (6.3.1), l'équation (6.3.5) s'écrit
$$z + \beta + (\alpha - \gamma)e^{-z} = 0. \tag{6.3.7}$$

En termes de parties réelles et imaginaires elle s'écrit
$$\begin{cases} u = -\beta - (\alpha - \gamma)e^{-u}\cos v \\ v = (\alpha - \gamma)e^{-u}\sin v \end{cases} \tag{6.3.8}$$

d'où
$$u = -\beta - v \cot v \tag{6.3.9}$$

et
$$(\alpha - \gamma)e^{\beta} = \frac{v}{\sin v} \exp(-v \cot v). \tag{6.3.10}$$

Posons
$$\Phi(T) = \frac{T}{\sin T} \exp(-T \cot T)$$
nous obtenons (voir [13] page 73),
pour $(2k-1)\pi < T < 2k\pi$, $\Phi(T) < 0$,
et pour $2k\pi < T < (2k+1)\pi$, $\Phi(T) > 0$ et $\Phi'(T) > 0$.
Donc pour tout entier naturel k il existe une unique solution v_k des équations (6.3.8) et telles que $2k\pi < v_k < (2k+1)\pi$.

Pour que 0 soit un point critique terminal instable il faudrait que $u_0 > 0 > u_1$. Nous avons
$$u_0 > 0 \iff v_0 > \operatorname{arccot} \frac{-\beta}{v_0} \tag{6.3.11}$$

or $v_0 \in \left]\dfrac{\pi}{2}, \pi\right[$ d'après (6.3.8) donc il suffit d'avoir
$$v_0 > \operatorname{arccot} \frac{-2\beta}{\pi}. \tag{6.3.12}$$

6.3. APPLICATION A L'ETUDE DE L'EQUATION (6.1.1).

D'autre part
$$u_1 < 0 \iff v_1 < \text{arccot} \frac{-\beta}{v_1} \tag{6.3.13}$$

or $v_1 \in]2\pi, 3\pi[$ donc il suffit d'avoir

$$v_1 < \text{arccot} \frac{-\beta}{3\pi}. \tag{6.3.14}$$

Nous avons $\Phi(\text{arccot} \frac{-\beta}{v}) = \text{arccot} \frac{-\beta}{v}$ et d'après (6.3.10) on a

$$(\alpha - \gamma)e^\beta = \Phi(v_0) = \Phi(v_1)$$

d'où on obtient le résultat

$$\Phi(\text{arccot} \frac{-\beta}{3\pi}) < (\alpha - \gamma)e^\beta < \Phi(\text{arccot} \frac{-2\beta}{\pi}).$$

Lemme 6.3.2 *Soit λ un nombre réel strictement positif, pour que l'équation caractéristique (6.3.3) de l'équation linéaire (6.3.2) admette deux solutions et seulement deux, à parties réelles strictement supérieurs à $-\lambda$ il suffit que l'on ait*

$$\Phi(\text{arccot} \frac{\lambda - \beta}{3\pi}) < \alpha e^{\beta - \lambda} < \Phi(\text{arccot} \frac{2(\lambda - \beta)}{\pi}).$$

Preuve : Il suffit de remplacer dans la preuve du lemme 6.3.1, $(\alpha - \gamma)$ par α et β par $(\beta - \lambda)$. ∎

Théorème 6.3.2 *Si pour l'équation (6.1.1) les hypothèses suivantes sont vérifiées,*

(i) l'hypothèse $(\mathbf{H}_6^1)$;

(ii) $(\alpha - \gamma) > 0$ et $\Phi(\text{arccot} \frac{-\beta}{3\pi}) < (\alpha - \gamma)e^\beta < \Phi(\text{arccot} \frac{-2\beta}{\pi})$;

(iii) $\Phi(\text{arccot} \frac{\lambda - \beta}{3\pi}) < \alpha e^{\beta - \lambda} < \Phi(\text{arccot} \frac{2(\lambda - \beta)}{\pi})$;

(iv) $\sup |h'(y)| < \left[\sup_{\omega \in \mathbb{R}} \frac{e^\lambda}{-\lambda + \beta + i\omega + \alpha e^{\lambda + i\omega}} \right]^{-1}$;

où on a noté $\gamma = h'(0)$ et $\Phi(T) = \frac{T}{\sin T} \exp(-T \cot T)$.

Alors cette équation admet au moins une solution périodique orbitalement stable.

6.3. APPLICATION A L'ETUDE DE L'EQUATION (6.1.1).

Preuve : L'équation (6.1.1) admet un seul point critique, le point 0. L'hypothèse ($\mathbf{H}_6^1$) entraîne, comme on l'a déjà signalé, l'existence d'un attracteur. L'hypothèse (ii) entraîne que le point critique 0 est terminal et instable. L'hypothèse (iii) entraîne qu'il n'y a que deux solutions de l'équation caractéristique (6.3.3) qui ont leurs parties réelles strictement supérieur à $-\lambda$ et aucune solution de cette équation ne vérifie $\operatorname{Re} z = -\lambda$. L'hypothèse (iv) entraîne que la fonction h est lipschitzienne (globalement) et que sa constante de Lipschitz $\Lambda(\mathcal{C})$ vérifie $\Lambda(\mathcal{C}) < \mu(\lambda)^{-1}$.

Les hypothèses du théorème 6.2.1 sont donc vérifiées d'où le résultat. ∎

Note historique : L'équation étudiée dans ce chapitre a suscité ces dernières années et suscite encore beaucoup d'intérêt, à cause des applications qu'elle a en écologie, en physiologie et en physique. Plusieurs résultats ont été obtenus en ce qui concerne l'existence de solutions périodiques ou lentement oscillantes, lorsque f satisfait une hypothèse de rétroactivité. Le problème de la stabilité de ces solutions est relativement peu abordé. C'est en 1986 que S.N. Chow et H.O. Walther [2] ont abordé le problème en utilisant les facteurs caractéristiques, pour l'équation

$$\frac{dx}{dt}(t) = f(x(t-1)).$$

X. Xie [14, 15, 16], en 1992, en utilisant l'équation du multiplicateur (en anglais "multiplier equation") montre sous certaines conditions, notamment $\varepsilon > 0$ assez petit, que pour l'équation

$$\varepsilon \frac{dx}{dt}(t) = \sigma x(t) + f(x(t-1)),$$

la solution périodique lentement oscillante est unique et linéairement stable. En utilisant la méthode de réduction de R.A. Smith, nous avons obtenu un résultat sur l'existence et la stabilité de solutions périodiques pour l'équation (6.1.1), qui est présenté dans ce chapitre.

Bibliographie

[1] S.N. CHOW, *Existence of periodic solutions of autonomous functional differential equations*, J. Differential Equations **15** (1974), pp 350-378.

[2] S.N. CHOW and H.O. WALTHER, *Characteristic multipliers and stability of symmetric periodic solutions of* $x' = g(x(t-1))$, Trans. Amer. Math. Soc. **307** (1986), pp 127-142.

[3] J.K. HALE, *Theory of functional differential equations*, Springer, New York, (1977).

[4] U.A.D. HEIDEN and H.O. WALTHER, *Existence of chaos in systems with delayed feedback*, J. Differential Equations **47** (1983), pp 273-295.

[5] J.L. KAPLAN, *On the nonlinear differential delay equation* $x'(t) = -f(x(t), x(t-1))$, J. Differential Equations **23** (1977), pp 293-314.

[6] J. MALLET-PARET, *Morse decompositions for delay-differential equations*, J. Differential Equations **72** (1988), pp 270-315.

[7] R.D. NUSSBAUM, *Uniqueness and nonuniqueness for periodic solutions of*
$x'(t) = -g(x(t-1))$, J. Differential Equations **34** (1979), pp 25-54.

[8] R.D. NUSSBAUM, *Periodic solutions of nonlinear autonomous functional differential equations*, Springer Lecture Notes in Math. **730** (1979), pp 283-325.

[9] R.A. SMITH, *Convergence theorems for periodic retarded functional differential equations*, Proc. London Math. Soc. **60** (1990), pp 581-608.

[10] R.A. SMITH, *Poincaré-Bendixson theory for certain retarded functional differential equations*, Differential and Integral Equations, Vol. **5**, Number 1 (1992), pp 213-240.

[11] H.O. WALTHER, *On instability, ω-limit sets and periodic solutions of nonlinear autonomous differential delay equations*, in: Functional differential equations and approximation of fixed points. Eds. H.O. Peitgen, H.O. Walther. Lect. Notes in Math. **730** (1979), pp 489-503.

[12] H.O. WALTHER, *An invariant manifold of slowly oscillating solutions for*
$x'(t) = -\mu x(t) + f(x(t-1))$, J. Reine Angew. Math. **414** (1991), pp 67-112.

[13] E.M. WRIGHT, *A non-linear differential-difference equation*, J. Reine Angew. Math. **194** (1955), pp 66-87.

[14] X. XIE, *The multiplier equations and its application to S-solutions of long period*, J. Differential Equations **95** (1992), pp 259-280.

[15] X. XIE, *Uniqueness and stability of slowly oscillating periodic solutions of delay equations with bounded nonlinearity*, J. Dynamics Differential Equations **3** (1991), pp 515-540.

[16] X. XIE, *Uniqueness and stability of slowly oscillating periodic solutions of delay equations with unbounded nonlinearity*, J. Differential Equations **103** (1993), pp 350-374.

7
CONCLUSION.

CONCLUSION.

Nous terminons cette thèse par un bref exposé de deux méthodes de réduction dues l'une à J. Mallet-Paret [2] l'autre à H.O. Walther [3] et nous ferons une comparaison avec la méthode de réduction de R.A. Smith.

7.1 Méthode de J. Mallet-Paret.

Pour étudier les propriétés de la dynamique globale de l'équation différentielle à retard

$$\frac{dx}{dt} = -f(x(t), x(t-1)) \tag{7.1.1}$$

J. Mallet-Paret [2] construit, pour cette équation, une fonction de Lyapounov, à valeurs entières, ce qui lui a permis d'obtenir une décomposition de Morse de l'attracteur compact maximal associé à l'équation (7.1.1). Cet attracteur est l'ensemble des solutions de l'équation (7.1.1) qui sont définies et bornées sur $\mathbb{R}$.

La définition d'une décomposition de Morse est due à Conley.

Définition 7.1.1 *(voir [1]) Soit X un espace métrique compact et notons $x.t$, où $x \in X$ et $t \in \mathbb{R}$, un flot sur X. Soient $\alpha(x)$ et $\omega(x)$ les ensembles α-limite et ω-limite de l'orbite de x. Une décomposition de Morse de X est une collection finie et ordonnée $S_1 < S_2 < ... < S_M$ de sous ensembles de X, invariants, compacts et disjoints, appelés ensembles de Morse, tels que*

$$x \in X \Rightarrow \exists N \geq K \ tq \ \alpha(x) \subseteq S_N \ et \ \omega(x) \subseteq S_K,$$

de plus $(N = K) \Rightarrow x \in S_N$; c'est-à-dire $x.t \in S_N$ pour tout $t \in \mathbb{R}$.

Supposons pour simplifier que $f : \mathbb{R}^2 \to \mathbb{R}$ soit $\mathcal{C}^\infty$. Alors l'unique solution x de l'équation (7.1.1) avec condition initiale $x_0 = \varphi \in \mathcal{C}\left([-1,0]\right)$ est définie sur un intervalle maximal à droite de $t = 0$. Posons

$$T(t)\varphi = x_t,$$

où $x_t \in \mathcal{C}\left([-1,0]\right)$ est définie par

$$x_t(\theta) = x(t+\theta)$$

pour $\theta \in [-1,0]$ et $t \geq 0$. On définit ainsi un semi-flot local sur $\mathcal{C}\left([-1,0]\right)$.

Définition 7.1.2 *Une solution globale de l'équation* (7.1.1) *est une solution* x *définie pour tout* $t \in \mathbb{R}$. *Une telle solution est dite bornée si* $\sup_{t \in \mathbb{R}} |x(t)| < \infty$.

Posons les hypothèses suivantes :

$$(\mathbf{H}_7^1) \begin{cases} f : \mathbb{R}^2 \to \mathbb{R} \in \mathcal{C}^\infty\ ; \\ \eta f(\eta) > 0 \text{ pour tout } \eta \neq 0\ ; \\ B > 0 \text{ et } (A+B) > 0 \\ \text{où } A = \dfrac{\partial f(\xi, \eta)}{\partial \xi}\bigg|_{(0,0)}\ , \ B = \dfrac{\partial f(\xi, \eta)}{\partial \eta}\bigg|_{(0,0)}. \end{cases}$$

$$(\mathbf{H}_7^2) \begin{cases} \text{Etant donné } K_1 > 0, \text{ il existe } K_2 > 0 \ tq \\ \|\varphi\| \leq K_1 \Rightarrow \|T(1)\varphi\| \leq K_2\ ; \\ \text{et il existe } K_0 > 0 \ tq \text{ pour tout } \varphi \in \mathcal{C}\left([-1,0]\right) \\ \text{on ait } \limsup_{t \to \infty} \|T(t)\varphi\| < K_0. \end{cases}$$

Proposition 7.1.1 *(voir proposition 2.1 dans [2]) Considérons l'équation*

$$\frac{dx}{dt} = -\beta x(t) - g(x(t-1)). \tag{7.1.2}$$

Alors, les hypothèses ($\mathbf{H}_7^1$) *et* ($\mathbf{H}_7^2$) *sont vérifiées si* $\beta \geq 0$ *et si* $g : \mathbb{R} \to \mathbb{R}$ *est une fonction de classe* $\mathcal{C}^\infty$ *satisfaisant* $\eta g(\eta) > 0$ *pour tout* $\eta \neq 0$, $g'(0) > 0$ *et* $g(\eta) \geq -K$ *pour un certain* $K > 0$ *et tout* η.

Dans toute la suite nous supposerons les hypothèses ($\mathbf{H}_7^1$) et ($\mathbf{H}_7^2$) vérifiées.

On définit
$\widehat{\Psi} = \{\varphi \in \mathcal{C}\left([-1,0]\right) \ tq$ il existe une solution globale et bornée x de l'équation (7.1.1), vérifiant une condition initiale $x_0 = \varphi\}$.

Notons que $0 \in \widehat{\Psi}$ et que $\widehat{\Psi}$ est invariant par le semi-flot $T(t)$.

On considère l'ensemble

$$\Psi = \{x \in \mathcal{C}\left(\mathbb{R}\right) \ tq\ x \text{ est une solution globale bornée de l'équation (7.1.1)}\}.$$

On munit Ψ de la topologie de la convergence uniforme sur les compacts de $\mathcal{C}\left(\mathbb{R}\right)$ et on définit un flot $x.t : \Psi \times \mathbb{R} \to \mathbb{R}$ par $(x.t)(\theta) = x(t + \theta)$ où $\theta \in \mathbb{R}$.

Proposition 7.1.2 *(voir proposition 3.2 dans [2]) L'ensemble Ψ muni de la métrique*

$$d(x^1, x^2) = \sum_{n=1}^{\infty} 2^{-n} \sup_{[-n,n]} |x^1(t) - x^2(t)|$$

est un espace métrique compact et connexe.

Dans un premier temps J. Mallet-Paret construit une fonction de Lyapounov, qui lui permet d'obtenir une décomposition de Morse de l'attracteur maximal Ψ. Cette fonction de Lyapounov est définie comme suit :

Définition 7.1.3 *Si $x \in \Psi \backslash \{0\}$, posons*

$$V(x) = \begin{cases} \text{le nombre de zéros (en comptant leur ordre de multiplicité)} \\ \text{de } x \text{ dans }]\sigma - 1, \sigma] \; ; \text{ ou } 1, \text{ si } \sigma \text{ n'existe pas,} \end{cases}$$

où $\sigma = \inf\{t \geq 0 \; tq \; x(t) = 0\}$.

Quelques propriétés de cette fonction V sont données dans le théorème suivant.

Théorème 7.1.1 *(voir théorème A dans [2]) Nous supposons que, pour l'équation (7.1.1), les hypothèse ($\mathbf{H}_7^1$) et ($\mathbf{H}_7^2$) sont vérifiées ;*
(i) Si $x \in \Psi \backslash \{0\}$ alors $V(x.t)$ est une fonction décroissante de t ($t \in \mathbb{R}$) ;
(ii) $V(x) < \infty$ et est un entier impair pour tout $x \in \Psi \backslash \{0\}$;
(iii) V est bornée sur $\Psi \backslash \{0\}$.

En linéarisant l'équation (7.1.1) au voisinage de l'origine et en posant $A = \dfrac{\partial f(\xi, \eta)}{\partial \xi}\Big|_{(0,0)}$, $B = \dfrac{\partial f(\xi, \eta)}{\partial \eta}\Big|_{(0,0)}$, l'équation caractéristique de l'équation linéaire obtenue s'écrit :

$$\lambda + A + Be^{-\lambda} = 0 \qquad (7.1.3)$$

Les racines de l'équation (7.1.3) sont appelées valeurs propres ; leurs multiplicités sont celles des racines de l'équation (7.1.3).

Définition 7.1.4 *L'origine de l'équation (7.1.1) est dite hyperbolique dans le cas où $\operatorname{Re} \lambda \neq 0$ pour toute valeur propre λ.*

Pour définir les ensembles S_N qui forment une décomposition de Morse de Ψ, J. Mallet-Paret définit d'abord un entier N^* qui mesure l'instabilité de l'origine. Il pose

$$N^* = \begin{cases} M^* \text{ si l'origine est hyperbolique ;} \\ M^* + 1 \text{ si l'origine n'est pas hyperbolique ;} \end{cases}$$

où M^* est le nombre de valeurs propres λ (en comptant leur ordre de multiplicité) qui vérifient $\operatorname{Re} \lambda > 0$.

N^* est pair si l'origine est hyperbolique et est impair dans le cas contraire.
Les ensembles S_N sont définis comme suit :
Si $N \in \{1, 3, 5, ...\}$ et $N \neq N^*$,

$$S_N = \{x \in \Psi \backslash \{0\} \ tq \ V(x.t) = N \text{ pour tout } t \in \mathbb{R} \text{ et } 0 \notin \alpha(x) \cup \omega(x)\},$$

$$S_{N^*} = \begin{cases} \{0\} \text{ si l'origine est hyperbolique ;} \\ \{x \in \Psi \backslash \{0\} \ tq \ V(x.t) = N^* \text{ pour tout } t \in \mathbb{R}\} \cup \{0\}, \\ \text{si l'origine n'est pas hyperbolique.} \end{cases}$$

Notons que pour N assez grand, $S_N = \phi$; et pour N pair et différent de N^*, S_N n'est pas défini.

Théorème 7.1.2 *(voir théorème B dans [2]) Dans le cas où les hypothèses (H_7^1) et (H_7^2) sont vérifiées, les ensembles $\{S_N\}$ pour $N \in \{N^*, 1, 3, 5, ...\}$ forment une décomposition de Morse de Ψ dont l'ordre est*

$$S_K < S_N \Leftrightarrow K < N.$$

Cette décomposition de Morse permet de montrer des résultats sur le comportement asymptotique des solutions de l'équation (7.1.1) avec condition initiale $x_0 = \varphi \in \widehat{\Psi}$, (voir la proposition 7.1.3 et le théorème 7.1.3 suivants). Des informations sont aussi obtenues sur l'existence et la localisation de solutions périodiques ou lentement oscillantes de l'équation (7.1.2) (voir le théorème 7.1.4 suivant).

Proposition 7.1.3 *(voir proposition 4.1 dans [2])*
  (i) *Supposons les hypothèses* ($\boldsymbol{H_7^1}$) *et* ($\boldsymbol{H_7^2}$) *vérifiées. Si* $x \in \Psi \backslash \{0\}$ *est telle que* $V(x.t) = N$ *pour tout* t, *pour un certain* N, *alors tous les zéros de* x *sont simples. En particulier si* x *est une solution périodique, ou si* $x \in S_N$, *tous ses zéros sont simples.*
  (ii) *Si de plus nous supposons que,*

$$(\xi > 0, \eta > 0) \Rightarrow f(\xi, \eta) > 0, \qquad (7.1.4)$$
$$(\xi < 0, \eta < 0) \Rightarrow f(\xi, \eta) < 0$$

alors il existe $L > 0$ *tel que pour tout* $x \in S_1$, *tout intervalle de longueur* L *contient un zéro de* x.

Théorème 7.1.3 *(voir théorème C dans [2]) Supposons les hypothèses* ($\boldsymbol{H_7^1}$) *et* ($\boldsymbol{H_7^2}$) *vérifiées et que l'origine est hyperbolique. Soit* $x(t)$, $t \geq 0$, *la solution de l'équation (7.1.1) satisfaisant la condition initiale* $x_0 = \varphi$. *Alors, ou bien*
  (1) $\liminf_{t \to \infty} x(t) = 0$ *quand* $t \to +\infty$,
  ou bien
  (2) $(|x(t)| + |\dot{x}(t)|) \geq C$, *où* $C > 0$ *est indépendant de la solution.*
  Si (2) *est vérifiée il s'ensuit que*

$$0 < \liminf_{t \to \infty} \|x_t\| \leq \limsup_{t \to \infty} \|x_t\| < \infty,$$

d'où tous les zéros de x *à partir d'un* t_0 *assez grand sont simples et il existe une borne inférieure pour les distances entre ces zéros. Notons ces zéros par* $t_1 < t_2 < ... \to \infty$ *s'ils existent. Alors si* (2) *est vérifiée, ou bien*
  (a) *il existe un entier impair* $N \geq 1$ *tel que* $t_{n-N} < t_n - 1 < t_{n-N+1}$ *pour* n *assez grand ; ou bien*
  (b) $x(t) \neq 0$ *à partir d'un* t_0 *assez grand.*

La conclusion (2b) ne peut pas être vérifiée si la condition (7.1.4) l'est.

Enfin pour les solutions périodiques, elles sont d'après le théorème suivant, localisées dans les ensembles S_N pour lesquels $N < N^*$ et les solutions périodiques lentement oscillantes sont localisées dans S_1.

Théorème 7.1.4 *(voir théorème D dans [2]) Si N est un entier impair satisfaisant $N < N^*$ ($N > 0$), alors pour l'équation (7.1.2), l'ensemble S_N contient une solution périodique x ayant les propriétés suivantes :*
$x(t) = 0$ *en exactement deux points de $[0, T[$, où T est la plus petite période de x ; de plus ces zéros sont simples et $\dfrac{2}{N} < T < \dfrac{2}{N-1}$.*

Commentaire : La méthode développée par J. Mallet-Paret consiste à construire une fonction de Lyapounov pour l'équation (7.1.1). En utilisant cette fonction de Lyapounov, J. Mallet-Paret obtient une décomposition de Morse de l'attracteur maximal Ψ constitué de toutes les solutions globales et bornées de l'équation (7.1.1). Les sous ensembles de Morse sont invariants, compacts et disjoints. Des informations sont alors obtenues sur le comportement asymptotique des zéros des solutions x de l'équation (7.1.1) et les solutions périodiques lentement oscillantes sont localisées dans S_1.

7.2 Méthode de H.O. Walther.

Considérons l'équation

$$\frac{dx}{dt} = -\mu x(t) + f(x(t-1)) \tag{7.2.1}$$

où $\mu > 0$ est une constante et $f : \mathbb{R} \to \mathbb{R}$ est une fonction régulière telle que $f(0) = 0$ et $f'(0) < 0$.

Un espace des phases approprié pour cette équation est l'espace $\mathcal{C}$ des fonctions continues $\varphi : [-1, 0] \to \mathbb{R}$, muni de la norme $\|\varphi\| = \sup\limits_{t \in [-1,0]} |\varphi(t)|$.

Nous supposons les hypothèses suivantes vérifiées

$$(\mathbf{H}_7^3) \begin{cases} \text{Soit } f : \mathbb{R} \to \mathbb{R} \text{ une fonction de classe } \mathcal{C}^1, \\ \quad \text{majorée par une constante } C_f > 0 \\ \text{et telle que } f(0) = 0 \ ; \ f'(\xi) < 0 \text{ pour tout } \xi \in \mathbb{R}. \end{cases}$$

Notons que f vérifie $\xi f(\xi) < 0$ pour tout $\xi \neq 0$, condition qui exprime la rétroactivité négative.

$$(\mathbf{H}_7^4)\begin{cases} \text{Soit } \mu > 0 \text{ une constante donnée et supposons que} \\ \qquad\qquad -f'(0) > \dfrac{-\mu}{\cos v(\mu)} \\ \text{où } v(\mu) \in]\dfrac{\pi}{2}, \pi[\text{ et } v(\mu) = -\mu \tan v(\mu). \end{cases}$$

L'hypothèse $(\mathbf{H}_7^4)$ entraîne que la solution stationnaire nulle, de l'équation (7.2.1) est instable.

Les solutions de l'équation (7.2.1) satisfaisant une condition initiale $x_0 = \varphi \in \mathcal{C}$ sont notées x^φ.

Les solutions x de l'équation (7.2.1), à valeurs réelles, définissent des courbes dans l'espace des phases par, $x_t(s) := x(t+s)$ pour $s \in [-1,0]$, pourvu que $[t-1,t]$ soit contenu dans le domaine de définition de x.

Les courbes dans l'espace des phases, $t \in \mathbb{R} \mapsto x_t^\varphi \in \mathcal{C}$ définissent un semi-flot continu,
$$F : (t,\varphi) \in \mathbb{R} \times \mathcal{C} \mapsto x_t^\varphi \in \mathcal{C}.$$

$F(1,\cdot) : \mathcal{C} \to \mathcal{C}$ envoie un ensemble borné dans un ensemble à fermeture compacte.

La restriction de F à $]1, \infty[\times\mathcal{C}$ est de classe $\mathcal{C}^1$.

Pour $t > 1$ et $\varphi \in \mathcal{C}$, $D_1 F(t,\varphi) = \dot{x}_t^\varphi$ où $\dot{x}_t^\varphi = \dot{x}^\varphi(t+s)$ pour $s \in [-1,0]$.

La dérivée partielle $D_2 F(t,\varphi)$ existe sur $\mathbb{R}^+ \times \mathcal{C}$. Elle est donnée par $D_2 F(t,\varphi)\psi = y_t$ où $y : [-1,\infty[\to \mathbb{R}$ est la solution du problème avec condition initiale
$$\begin{cases} \dfrac{dy}{dt} = -\mu y(t) + f'(x^\varphi(t-1))y(t-1) \\ \qquad y_0 = \psi. \end{cases}$$

Pour une solution $x : \mathbb{R} \to \mathbb{R}$ de l'équation (7.2.1) on a en particulier pour tout $t \geq 0$,

$D_2 F(t, x_0)\dot{x}_0 = \dot{x}_t$.

Dans le cas $\varphi = 0$ on obtient l'équation autonome
$$\frac{dy}{dt} = -\mu y(t) - \alpha y(t-1) \qquad (7.2.2)$$

avec $\alpha := -f'(0) > 0$.

L'opérateur $T(t) := D_2 F(t,0)$, $t \geq 0$, forme un C_0-semi-groupe défini par
$$T(t)\varphi = x_t^\varphi$$

où $x^\varphi : [-1, \infty[\to \mathbb{R}$ est la solution de l'équation (7.2.2) satisfaisant la condition initiale $x_0 = \varphi \in \mathcal{C}$.

$T(1)$ est un opérateur compact.

Considérons l'équation linéaire (7.2.2).

L'équation caractéristique associée à cette équation est

$$z + \mu + \alpha e^{-z} = 0. \qquad (7.2.3)$$

Les racines de l'équation (7.2.3) sont appelées valeurs propres. Quelques propriétés de ces valeurs propres sont données dans le paragraphe 6.3.1 de la présente thèse. Lorsque l'hypothèse ($\mathbf{H}_7^4$) est vérifiée, les valeurs propres sont des paires λ_k, $\overline{\lambda}_\lambda \in \mathbb{C}$, vérifiant $2k\pi < |\operatorname{Im} \lambda_k| < (2k+1)\pi \quad k \in \mathbb{N}$, et $\operatorname{Re} \lambda_{k+1} < \operatorname{Re} \lambda_k \quad \forall k \in \mathbb{N}$; grâce à l'hypothèse ($\mathbf{H}_7^4$) nous avons $\operatorname{Re} \lambda_0 > 0$.

Notons $\mathcal{C}'$ l'espace des fonctions continues $\varphi : [-1, 0] \to \mathbb{C}$ muni de la norme

$$\|\varphi\| = \sup_{t \in [-1,0]} |\varphi(t)|.$$

Pour toute valeur propre z, la fonction

$$\psi_z : t \mapsto e^{zt} \in \mathcal{C}'$$

est un vecteur propre. La projection spectrale associée $p(z) : \mathcal{C}' \to \mathcal{C}'$, où z est une valeur propre, définit un sous espace propre généralisé, de dimension un, $G(z) = \mathbb{C}\psi_z$ satisfaisant

$$\overline{p(z)\varphi} = p(\overline{z})\varphi \qquad (7.2.4)$$

pour toute φ à valeur réelles.

Dans un premier temps H.O. Walther construit un sous espace propre L associé à la valeur propre λ_0 (ou $\overline{\lambda}_0$) qui vérifie $\operatorname{Re} \lambda_0 > 0$, comme suit :

Le sous espace $G(z)$ est formé des segments x_t de la solution $x : t \in \mathbb{R} \mapsto ce^{zt} \in \mathbb{C}$, $c \in \mathbb{C}$, de l'équation (7.2.2). La relation (7.2.4) entraîne que l'expression $(p(\lambda_0) + p(\overline{\lambda}_0))\varphi$ définit une projection $p : \mathcal{C} \to \mathcal{C}$ à valeurs dans le sous espace

$$L := \operatorname{Re} G(\lambda_0) = \operatorname{Re} G(\overline{\lambda}_0) \subset \mathcal{C} \;;$$

$$\dim L = 2.$$

Posons

$$Q := (id - p)\mathcal{C}.$$

7.2. Méthode de H.O. Walther.

Notons que $T(t)p = pT(t)$ pour tout $t \geq 0$; L et Q sont invariants par $T(t)$. Le $\mathbb{R}$-sous espace propre L est formé des segments x_t de la solution

$$x : t \in \mathbb{R} \mapsto e^{u_0 t}(a \cos v_0 t + b \sin v_0 t) \in \mathbb{R},$$

de l'équation (7.2.2), $a \in \mathbb{R}$, $b \in \mathbb{R}$, , u_0 et v_0 sont respectivement les parties réelle et imaginaire de λ_0.

Notons que dans le cas où $(a,b) \neq (0,0)$ les zéros de x sont espacés de la distance $\dfrac{\pi}{v_0} \in]1,2[$.

Fixons $\beta > 0$ tel que $e^{u_1} < \beta < e^{u_0}$ où $u_0 = \operatorname{Re} \lambda_0$ et $u_1 = \operatorname{Re} \lambda_1$.

Etant donné un voisinage ouvert U de 0 dans $\mathcal{C}$, on définit

$$W(U) := \{\varphi \in U \text{ telle qu'il existe une suite } (\varphi_n)_{-\infty}^0 \text{ dans } \mathcal{C} \text{ avec } \varphi_0 = \varphi,$$
$$\varphi_n = F(1, \varphi_{n-1}) \text{ et } \varphi_n \beta^{-n} \in U \text{ pour tout } n \in -\mathbb{N},$$
$$\varphi_n \beta^{-n} \to 0 \text{ lorsque } n \to -\infty\}.$$

En utilisant l'application w_0 dont l'existence et la définition sont énoncées dans le théorème suivant, H.O.Walther construit une sous variété W bornée, tangente à L en 0, et dont la fermeture $\overline{W}$ et caractérisée par la formule (7.2.5). Le bord, $bd'W$ de W caractérisé par la formule (7.2.6) est (voir théorème 7.2.3) constitué des segments y_t, $t \in \mathbb{R}$ d'une solution périodique $y : \mathbb{R} \to \mathbb{R}$ de l'équation (7.2.1) ; cette solution y est lentement oscillante et attire toute solution $x : \mathbb{R} \to \mathbb{R}$, de l'équation (7.2.1), ayant une condition initiale $x_0 \in W \setminus \{0\}$.

Théorème 7.2.1 *Il existe des voisinages ouverts et convexes L_0 de 0 dans L, Q_0 de 0 dans Q et une application de classe C^1, $w_0 : L_0 \to Q$ vérifiant les propriétés suivantes,*

1) $w_0(L_0) \subset Q_0$, $w_0(0) = 0$, $Dw_0(0) = 0$;
2) $\{\chi + w_0(\chi) : \chi \in L_0\} = W(L_0 + Q_0)$;
3) *toute trajectoire* $(\varphi_n)_{-\infty}^0$ *(ie $\varphi_n = F(1, \varphi_n)$ pour $n \in -\mathbb{N}$) avec $\varphi_n \beta^{-n} \in (L_0 + Q_0)$ pour tout $n \in -\mathbb{N}$ satisfait $\varphi_n \beta^{-n} \to 0$ lorsque $n \to -\infty$.*

Notons
$$W_0 := \{\chi + w_0(\chi) : \chi \in L_0\}.$$

On définit
$$W := F(\mathbb{R}^+ \times W_0).$$

Nous avons les propriétés suivantes pour W_0 et W.

Proposition 7.2.1 *(voir proposition 5.1 dans [3]) Pour tout $\varphi \in W_0$ il existe une unique solution $x : \mathbb{R} \to \mathbb{R}$ de l'équation (7.2.1) satisfaisant la condition initiale $x_0 = \varphi$, il existe $t(\varphi) \leq 0$ tel que $x_t \in W_0$ pour tout $t \leq t(\varphi)$ et $x_t \to 0$ lorsque $t \to -\infty$.*

Corollaire 7.2.1 *(voir corollaire 5.1 dans [3])*
1) $F(\mathbb{R}^+ \times W) \subset W$.
2) $W = F(\mathbb{N} \times W_0)$.
3) *Pour tout $\varphi \in W$, il existe une unique solution $x : \mathbb{R} \to \mathbb{R}$ de l'équation (7.2.1) satisfaisant la condition initiale $x_0 = \varphi$. Pour tout $t \in \mathbb{R}$, $x_t \in W$. Il existe $t(\varphi) \leq 0$ tel que $x_t \in W_0$ pour $t \leq t(\varphi)$ et $x_t \to 0$ lorsque $t \to -\infty$.*

Soit S l'ensemble de toutes les fonctions non nulles $\varphi \in \mathcal{C}$, qui changent de signe au plus une fois.
- $S \supset L \setminus \{0\}$;
- $(]0, +\infty[S \subset S)$ est un cône positivement invariant mais non convexe.
La fermeture de S est $\overline{S} = S \cup \{0\}$.
Pour $\varphi \in \mathcal{C}$, notons $\underline{\varphi}$ la fonction $t \in [-1, 0] \mapsto e^{\mu t}\varphi(t) \in \mathbb{R}$.
On introduit un cône convexe

$$K := \{\varphi \in \mathcal{C} : \varphi \neq 0 \;,\; \varphi(-1) = 0 \;,\; \underline{\varphi} \text{ croissante}\} ;$$

$K \subset S$, $\overline{K} = K \cup \{0\}$.

Remarque 7.2.1 *Pour tout $\varphi \in K$ il existe $z = z(\varphi) \in [-1, 0[$ tel que $\varphi(0) = 0$ sur $[-1, z]$ et $\varphi > 0$ sur $]z, 0]$.*

Fixons $\varepsilon_0 > 0$ tel que $1 < (\alpha - \varepsilon_0)e^{\mu}$, et $\delta_0 > 0$ tel que

$$(\alpha - \varepsilon_0)|\xi| \leq |f(\xi)| \text{ pour } |\xi| \leq \delta_0.$$

7.2. Méthode de H.O. Walther.

Proposition 7.2.2 *(voir proposition 6.3 dans [3]) Etant donné $\varphi \in S$, $\varphi > 0$ ou $\varphi \in K$. La solution $x : [-1, \infty[\to \mathbb{R}$ de l'équation (7.2.1) satisfaisant $x_0 = \varphi$ possède les propriétés suivantes :*

1) *Les zéros de x dans $\mathbb{R}^+$ forment une suite $(z_j)_1^\infty$ telle que*

$$(Z) \begin{cases} 0 < z_1 \text{ et } x(t) \neq 0 \text{ pour } 0 < t < z_1 \text{ ;} \\ \begin{pmatrix} z_j + 1 < z_{j+1} \\ \dot{x}(z_j) \neq 0 \end{pmatrix} \text{ pour tout } j \in \mathbb{N} \text{ ;} \\ x_{z_j+1} \in \begin{Bmatrix} K \\ -K \end{Bmatrix} \text{ si } \dot{x}(z_j) \begin{Bmatrix} > \\ < \end{Bmatrix} 0. \end{cases}$$

Dans le cas où $\varphi \in K$, $z(\varphi) + 1 < z_1$.

2) $z_1 < 2 + \max\{0, \dfrac{1}{\mu} \log \dfrac{x(0)}{\delta_0}\}$

$z_2 < z_1 + 3 + \max\{0, \dfrac{1}{\mu} \log \dfrac{-x(z_1+1)}{\delta_0}\}.$

3) *Pour $z_1 < t < z_2$, $\dfrac{1}{\mu} \min_{[0, \|\varphi\|]} f \leq x(t) < 0.$*

Pour $j \in \mathbb{N}$, j pair et $z_j < t < z_{j+1}$, $0 < x(t) \leq \dfrac{1}{\mu} C_f.$

Soit $r_0 := \dfrac{1}{\mu} \max \left\{ C_f, -\min_{[0, \frac{C_f}{\mu}]} f \right\} > 0.$

Corollaire 7.2.2 *(voir corollaire 6.1 dans [3]) Supposons que $x : \mathbb{R} \to \mathbb{R}$ soit une solution de l'équation (7.2.1) et qu'il existe une suite $(t_n)_1^\infty$, $t_n \to -\infty$ quand $n \to +\infty$, telle que $(x_{t_n})_1^\infty$ soit une suite bornée dans S. Alors les zéros de x forment une suite $(z_j)_{-\infty}^{+\infty}$ ayant la propriété (Z), et $|x(t)| \leq r_0$ pour tout $t \in \mathbb{R}.$*

Proposition 7.2.3 *(voir proposition 6.4 dans [3]) Il existe un voisinage ouvert U_0 de 0 dans $\mathcal{C}$ tel que pour tout points φ et φ' ($\varphi \neq \varphi'$) dans $U_0 \cap W_0$ il existe $t \in [0, 2]$ tel que $F(t, \varphi) - F(t, \varphi') \in C$ n'admet pas de zéro.*

Corollaire 7.2.3 *(voir corollaire 6.2 dans [3])*

1) $W \subset \{\varphi \in \mathcal{C} : \|\varphi\| \leq r_0\}.$

2) *Etant donné $\varphi \in W \setminus \{0\}$. Les zéros de la solution $x : \mathbb{R} \to \mathbb{R}$ de l'équation (7.2.1), satisfaisant $x_0 = \varphi$ forment une suite $(z_j)_{-\infty}^{+\infty}$ ayant la propriété (Z). En particulier, $\varphi \in S$.*

3) *Il existe une application* $w : L_w \to Q$, *avec* $L_w := pW \supset L_0$, *telle que* $W = \{\chi + w(\chi) : \chi \in L_w\}$.

w est un prolongement de w_0.

Théorème 7.2.2 *(voir théorème 8.1 dans [3]) Le domaine* $L_w \subset L$ *de l'application* $w : L_w \to Q$ *avec* $W = \{\chi + w(\chi) : \chi \in L_w\}$ *est ouvert, et* w *est de classe* $\mathcal{C}^1$. *Il existe une constante* $I_w > 0$ *telle que* $\|w(\chi) - w(\chi')\| \leq I_w \|\chi - \chi'\|$ *pour tout* χ, χ' *dans* L_w.

L'application lipschitzienne w a un unique prolongement $\overline{w}$ à la fermeture $\overline{L}_w$ de L_w, qui soit lipschitzienne avec la même constante de Lipschitz I_w, et

$$\overline{W} = \{\chi + \overline{w}(\chi) : \chi \in \overline{L}_w\}. \qquad (7.2.5)$$

Posons
$$bd'W := \{\chi + \overline{w}(\chi) : \chi \in FrL_w\} = \overline{W}\backslash W. \qquad (7.2.6)$$
($bd'W \neq FrW$) nous avons $\overline{W} = W \cup bd'W$, $W \cap bd'W = \phi$, $0 \notin bd'W$. $\overline{W}$ et $bd'W$ sont compacts.

Proposition 7.2.4 *(voir proposition 8.1 dans [3]) Etant donné* $\varphi \in bd'W$, *il existe une unique solution* $x : \mathbb{R} \to \mathbb{R}$ *de l'équation* (7.2.1) *satisfaisant la condition initiale* $x_0 = \varphi$. *Pour tout* $t \in \mathbb{R}$, $x_t \in bd'W$ *et* $px_t \neq 0$. *Les zéros de* x *forment une suite* $(z_j)_{-\infty}^{+\infty}$ *ayant la propriété* (Z).

Théorème 7.2.3 *(voir théorème 10.1 dans [3]) Il existe une solution périodique* $y : \mathbb{R} \to \mathbb{R}$ *de l'équation* (7.2.1) *telle que*

$$bd'W = \{y_t : t \in \mathbb{R}\} \ ;$$

$y_0 \in K$ et la période minimale de y est $z_2(y_0) + 1$.
Pour toute solution $x : \mathbb{R} \to \mathbb{R}$, *de l'équation* (7.2.1), *satisfaisant une condition initiale* $0 \neq x_0 \in W$, $dist(x_t, bd'W) \to 0$ *quand* $t \to +\infty$.

Commentaire : La méthode de H.O. Walther consiste à construire une sous variété bornée dont les éléments sont les segments y_t, $t \in \mathbb{R}$ d'une solution périodique $y : \mathbb{R} \to \mathbb{R}$ dont l'orbite est précisément le bord de cette sous variété.

7.3 Comparaison avec la méthode de réduction de R.A. Smith.

La méthode de réduction de R.A. Smith, que ce soit dans le cas des équations différentielles ordinaires ou dans le cas des équations différentielles à retard, a un caractère global. Dans cette méthode, on définit une projection qui ramène l'étude de certains aspects d'une équation différentielle ordinaire ou à retard à l'étude de ces mêmes aspects pour une équation différentielle ordinaire de degré "inférieur" ; et ceci sur tout l'espace où est définie cette dernière équation, sans se restreindre à un voisinage d'un point donné. De plus la méthode de réduction de R.A. Smith est valable pour une grande classe d'équations différentielles ; dans le cas des équations différentielles ordinaires ce sont celles qui vérifient l'hypothèse ($\mathbf{H}_1^1$) donnée dans le paragraphe 1.2.1. Par contre les méthodes de J. Mallet-Paret et de H.O. Walther sont développées pour une équation différentielle bien déterminée. Les sous ensembles définis par J. Mallet-Paret et par H.O. Walther sont constitués de solutions réductibles au sens de R.A. Smith. On se limite au cas où les solutions réductibles forment une variété de dimension deux sur laquelle l'équation se réduit à un système plan. Sous les hypothèses garantissant cela, H.O. Walther montre - de son côté - que la variété instable (de dimension 2) se prolonge en une variété, encore de dimension 2, dont le bord est l'orbite d'une solution périodique. L'ensemble constitué par cette variété à bord est visiblement contenu dans la variété des solutions réductibles de R.A. Smith. Donc dans ce cas les deux approches aboutissent au même résultat. Il est bien évident que l'approche de R.A. Smith est d'une généralité supérieure - elle ne joue aucunement sur les propriétés des solutions - et est robuste aux petites perturbations.

Bibliographie

[1] C. CONLEY, *Isolated invariant sets and the Morse index*, in "NSF CBMS Lecture Notes", Vol. **38**, Amer. Math. Soc., Providence, 1978.

[2] J. MALLET-PARET, *Morse decompositions for delay-differential equations*, J. Differential Equations **72** (1988), pp 270-315.

[3] H.O. WALTHER, *An invariant manifold of slowly oscillating solutions for $x'(t) = -\mu x(t) + f(x(t-1))$*, J. Reine Angew. Math. **414** (1991), pp 67-112.

[4] H.O. WALTHER, *The 2-dimensional attractor of $x'(t) = -\mu x(t) + f(x(t-1))$*, Memoirs of the American Mathematical Society, ISSN 0065-9266 ; **544**, Volume **113**, number 544.

Dans ce qui suit, nous citerons les références que nous avons consulté pour mener à terme les travaux présentés dans cette thèse. Certains ont été cités à la fin d'un ou plusieurs chapitres, d'autres non.

Bibliographie

[1] L. AMERIO and G. PROUSE, *Almost-periodic functions and functional equations*, Van Nostrand, N.Y. 1971.

[2] O. ARINO and A.A. CHERIF, *More on ordinary differential equations which yield periodic solutions of delay differential equations*, J. Math. Anal. Appl. **180**. (1993), pp 361-385.

[3] O. ARINO and A. BERBOUCHA, *Estimation sur des solutions globales d'équations différentielles ordinaires*, Maghreb Mathematical Review Volume **11** N°1 (2002), pp 1-13.

[4] O. ARINO and A. BERBOUCHA, *Une généralisation du théorème de Cartwright*, Bulletin of the Belgian Mathematical Society - Simon Stevin **10** (2003), pp 65-75.

[5] I. BENDIXSON, *Sur les courbes définies par des équations différentielles*, Acta Math. **24** (1901), pp 1-88.

[6] A. BERBOUCHA et O. ARINO, *Existence de solutions périodiques orbitalement stables pour un système dans* $\mathbb{R}^3$, Actes des IVème journées Zaragoza-Pau de mathématiques appliquées, publications de l'Université de Pau, ISBN: 2-908930-38-2 (1997), pp 89-95.

[7] A. BERBOUCHA and M.S. MOULAY, *Existence of orbitally stable periodic solutions for a delay differential equation*, Far East Journal of Mathematical Sciences, Volume **15** **N°**3 (2004), pp 307-317.

[8] J.E. BILLOTTI and J.P. LASALLE, *Dissipative periodic processes*, Bult. Amer. Math. Soc. Vol.**77** Number 6 (1971), pp 1082-1088.

[9] J. BLOT, *Une approche variationnelle des orbites quasi-périodiques des systèmes Hamiltoniens*, Ann. sc. math. Quebec, (2) **13** (1989), pp 7-32.

[10] M.L. CARTWRIGHT, *Almost periodic flows and solutions of differential equations*, Proc. London Math .Soc. (3) **17** (1967), pp 355-380.

[11] M.L. CARTWRIGHT, *Almost periodic differential equations and almost periodic flows*, J. Differential Equations **5** (1969), pp 167-181.

[12] S.N. CHOW, *Existence of periodic solutions of autonomous functional differential equations*, J. Differential Equations **15** (1974), pp 350-378.

[13] S.N. CHOW and H.O. WALTHER, *Characteristic multipliers and stability of symmetric periodic solutions of* $x' = g(x(t-1))$, Trans. Amer. Math. Soc. **307** (1988), pp 127-142.

[14] J.R. CLAEYSSEN, *Effect of delays on functional differential equations*, J. Differential Equations **20** (1976), pp 404-440.

[15] C. CONLEY, *Isolated invariant sets and the Morse index*, in "NSF CBMS Lecture Notes", Vol. **38**, Amer. Math. Soc., Providence, 1978.

[16] H. DULAC, *Recherche des cycles limites*, C. R. Acad. Sci. Paris **204** (1937), pp 1703-1706.

[17] J.K. HALE, *Theory of functional differential equations*, Springer, N.Y. 1977.

[18] U.A.D. HEIDEN and H.O. WALTHER, *Existence of chaos in systems with delayed feedback*, J. Differential Equations **47** (1983), pp 273-295.

[19] M. W. HIRSCH / S. SMALE, *Differential equations, dynamical systems, and linear algebra*, Academic Press, 1974.

[20] J.L. KAPLAN and J.A. YORKE, *On the stability of a periodic solution of a differential delay equation*, SIAM J. Math. Anal. Vol.**6** N°2 (1975), pp 268-282.

[21] J.L. KAPLAN, *On the nonlinear differential delay equation*
$x'(t) = -f(x(t), x(t-1))$, J. Differential Equations **23** (1977), pp 293-314.

[22] J. KURZWEIL, *Small delays don't matter,* in "Symposium on Differential Equations and Dynamical Systems," Springer-Verlag Lecture Notes **206,** pp 47-49.

[23] J. KURZWEIL, *On a system of operator equations,* J. Differential Equations **11** (1972), pp 364-375.

[24] J. KURZWEIL, *Solutions of linear nonautonomous functional differential equations which are exponentially bounded for* $t \to -\infty$, J. Differential Equations **11** (1972), pp 376-384.

[25] Y. LI and J.S. MULDOWNEY, *On Bendixson's criterion,* J. Differential Equations, **106** (1993), pp 27-39.

[26] J. MALLET-PARET, *Negatively invariant sets of compact maps and an extension of a theorem of Cartwright,* J. Differential Equations **22** (1976), pp 331-348.

[27] J. MALLET-PARET, *Morse decompositions for delay-differential equations,* J. Differential Equations **72** (1988), pp 270-315.

[28] J.L. MASSERA, *The existence of periodic solutions of systems of differential equations,* Duke Math. J. **17** (1950), pp 457-475.

[29] M.S. MOULAY and A. BERBOUCHA, *Sur les solutions périodiques d'un système différentiel dans* $\mathbb{R}^3$. Bulletin de la Soc. Roy. Sci. Liege, **Vol 73** $N°4, 5$ (2005) pp 239 - 248.

[30] M.S. MOULAY et A. BERBOUCHA, *Non existence de solutions périodiques pour une équation différentielle dans* $\mathbb{R}^3$, Communication présentée à la troisième Rencontre Internationale d'Analyse Mathématique et ses Applications (RAMA3 Internationale) tenue à l'Université A. MIRA - Béjaïa du 21 au 23 Mai 2002.

[31] R.D. NUSSBAUM, *Uniqueness and nonuniqueness for periodic solutions of*
$x'(t) = -g(x(t-1))$, J. Differential Equations **34** (1979), pp 25-54.

[32] R.D. NUSSBAUM, *Periodic solutions of nonlinear autonomous functional differential equations*, Springer Lecture Notes in Math. **730** (1979), pp 283-325.

[33] V.A. PLISS, *Nonlocal problems of the theory of oscillation*, Academic press, New York, 1966.

[34] W. RUDIN, *Real and complex analysis*, McGraw-Hill, 1970.

[35] A.J. SCHWARTZ, *A generalisation of a Poincaré-Bendixson theorem to closed two-dimensional manifolds*, Amer. J. Math. **85** (1963), pp 453-458.

[36] H. SMITH, *Monotone semiflows generated by functional differential equations*, J. Differential Equations **66** (1987), pp 420-442.

[37] R.A. SMITH, *Absolute stability of certain differential equations*, J. London Math. Soc. **2** (1973), pp 203-210.

[38] R.A. SMITH, *Forced oscilations of the feedback control equation*, Proc. Roy. Soc. Edinburgh, **76A** (1976), pp 31-42.

[39] R.A. SMITH, *Some elliptic balls which avoid a nyquist set in* $\mathbb{C}^{n+1}$, Proc. Roy. Soc. Edinburgh, **79A** (1977), pp 327-334.

[40] R.A. SMITH, *The Poincaré-Bendixson theorem for certain differential equations of higher order*, Proc. Roy. Soc. Edinburgh Sect A, **83** (1979), pp 63-79.

[41] R.A. SMITH, *Existence of periodic orbits of autonomous ordinary differential equations*, Proc. Roy. Soc. Edinburgh Sect. A. **85** (1980), pp 153-172.

[42] R.A. SMITH, *An index theorem and Bendixson's negative criterion for certain differential equations of higher dimension*, Proc. Roy. Soc. Edinburgh Sec. A, **91** (1981), pp 63-77.

[43] R.A. SMITH, *Poincaré index theorem concerning periodic orbits of differential equations*, Proc. London Math. Soc. (3). **48** (1984), pp 341-362.

[44] R.A. SMITH, *Certain differential equations have only isolated periodic orbits*, Ann. Mat. Pura Appl. **137** (1984), pp 217-244.

[45] R.A. SMITH, *Massera's convergence theorem for periodic nonlinear differential equations*, J. Math. Anal. Appl. **120** (1986), pp 679-708.

[46] R.A. SMITH, *Some applications of Hausdorff dimension inequalities for ordinary differential equations*, Proc. Roy. Soc. Edinburgh Sect. A **104** (1986), pp 235-259.

[47] R A. SMITH, *Orbital stability for ordinary differential equations*, J. Differential Equations, **69** (1987), pp 265-287.

[48] R.A. SMITH, *Existence of periodic orbits of autonomous retarded functional differential equations*, Math. Proc. Camb. Phil. Soc. **88** (1980) pp 89-109.

[49] R.A. SMITH, *Convergence theorems for periodic retarded functional differential equations*, Proc. London Math. Soc. (3) **60** (1990), pp 581-608.

[50] R.A. SMITH, *Poincaré-Bendixson theory for certain retarded functional differential equations*, Differential and Integral Equations, Vol. 5, Number 1 (1992), pp 213-240.

[51] H.O. WALTHER, *On instability, ω-limit sets and periodic solutions of nonlinear autonomous differential delay equations*, in: Functional differential equations and approximation of fixed points. Eds. H.O. Peitgen, H.O. Walther. Lect. Notes in Math. **730** (1979), pp 489-503.

[52] H.O. WALTHER, *An invariant manifold of slowly oscillating solutions for*

$x'(t) = -\mu x(t) + f(x(t-1))$, J. Reine Angew. Math. **414** (1991), pp 67-112.

[53] H.O. WALTHER, *The 2-dimensional attractor of $x'(t) = -\mu x(t) + f(x(t-1))$*, Memoirs of the American Mathematical Society, ISSN 0065-9266 ; **544**, Volume **113**, number 544.

[54] E.M. WRIGHT, *A non-linear differential-difference equation*, J. Reine Angew. Math. **194** (1955), pp 66-87.

[55] X. XIE, *The multiplier equations and its application to S-solutions of long period*, J. Differential Equations **95** (1992), pp 259-280.

[56] X. XIE, *Uniqueness and stability of slowly oscillating periodic solutions of delay equations with bounded nonlinearity*, J. Dynamics Differential Equations **3** (1991), pp 515-540.

[57] X. XIE, *Uniqueness and stability of slowly oscillating periodic solutions of delay equations with unbounded nonlinearity*, J. Differential Equations **103** (1993), pp 350-374.

[58] J.A. YORKE, *Noncontinuable solutions of differential-delay equations*, Proc. Amer. Math. Soc. **21** (1969), pp 648-652.

Oui, je veux morebooks!

i want morebooks!

Buy your books fast and straightforward online - at one of world's fastest growing online book stores! Environmentally sound due to Print-on-Demand technologies.

Buy your books online at
www.get-morebooks.com

Achetez vos livres en ligne, vite et bien, sur l'une des librairies en ligne les plus performantes au monde!
En protégeant nos ressources et notre environnement grâce à l'impression à la demande.

La librairie en ligne pour acheter plus vite
www.morebooks.fr

VDM Verlagsservicegesellschaft mbH
Heinrich-Böcking-Str. 6-8   Telefon: +49 681 3720 174   info@vdm-vsg.de
D - 66121 Saarbrücken   Telefax: +49 681 3720 1749   www.vdm-vsg.de

Printed by Books on Demand GmbH, Norderstedt / Germany